噴筆大攻略

HOW TO USE AN AIRBRUSH

Model Graphix 編輯部／編

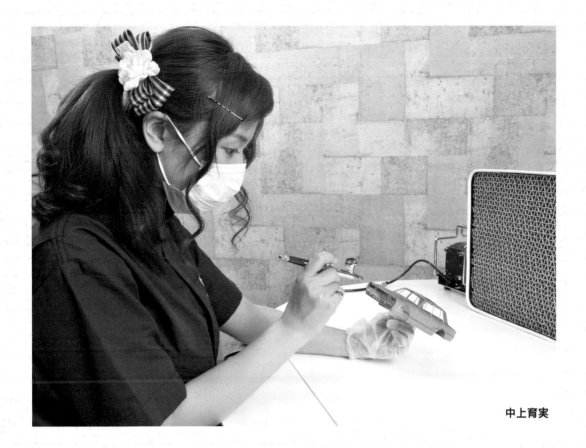

中上育実

寫在前面

簡單一句「噴筆」,可以指的是技法,也可以指的是器材工具等,包含各式各樣不同的意涵在內,而本書即為介紹噴筆基本知識的參考書。

依照噴筆手持件的構造不同,還有價格和性能的不同以及自己想要製作的模型最適合的空壓機,實際塗裝作業時塗料要稀釋到什麼程度?日常維護保養方法等等,按項目進行分門別類的講解。

希望本書對於不管是今後想要購置噴筆的人,或是已經擁有噴筆的人來說都能夠有所幫助。

【目次】

First chapter
I know the airbrush

第一章

了解噴筆的各項知識

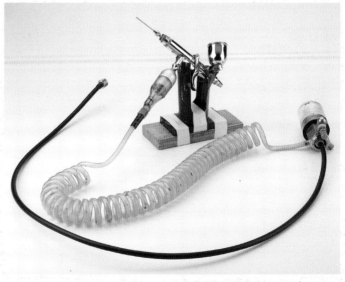

松本州平先生所擁有的 OLYMPOS「PC-102B」

噴筆的基本構造

■手持件的裡面是怎樣的構造呢？

在進行噴筆塗裝時，最不可或缺的就是手持件了。噴筆這個名詞既可以指的是技法本身，也可以用來表示噴筆技法所需要的整個系統，或者是用來噴塗塗料手持部分的器具。本書為了避免混亂，將技法本身稱為噴筆塗裝，所使用的手持器具稱為手持件，而噴筆所需要的整組工具則稱為噴筆系統。

那麼，首先就讓我們來了解一下噴筆不可或缺的手持件吧！手持件如果以實質的功能來說，算是一種噴霧器。只不過單純的噴霧器，充其量只能進行粗略的作業，所以為了適合精密的作業，進行了改良和發展，最後就完成如今這樣的構造了。有一種使用於工業用途的大型噴漆工具稱為噴槍，可以說噴筆用的手持件是將其修改成

適合更加精密作業的噴漆工具。工業用的噴槍和噴筆塗裝用的手持件，有時會根據噴塗時使用的空氣（或氣體）壓力來區分兩者。

市售的模型用手持件主要是與繪畫等用途所使用的機種同等級，為了應對這樣的市場需求而發展起來的工具（本來也不一定會作為繪畫的工具來使用）。因此為了配合能夠得到更好筆觸的描繪方法，進而達到更加纖細的表現，於是在這個直徑 10mm 左右，長度不到 20cm 的金屬棒內部，以相當高精度的加工技術製作而成噴筆手持件。構造雖然單純，但卻充滿了各種「精密」的零件。也因此在使用時需要相應的注意與小心。

下面的結構圖是以 GSI Creos 的高級機種

「PS270 Mr.PROCON BOY FWA PLATINUM」的手持件為範例來做內部構造解說的示意圖。PS270 是雙動式的設計，噴嘴口徑為 0.2mm，以模型用途來說，是適合精密塗裝的機種。

圖示畢竟只是概略的示意圖，雖然不能說是完全正確地展示了 PS270 的內部構造，但為了方便各位了解使用於模型用途的手持件基本構造，本書還是試著刊載了一些有幫助的資訊。

另外，各部位的名稱基本上以 GSI Creos 的說明書為準，再加上本書編輯部的補充。其他公司的產品可能會有不同的稱呼，這點還請各位事先諒解。

■雙動式・手持件的基本構造和各部位名稱

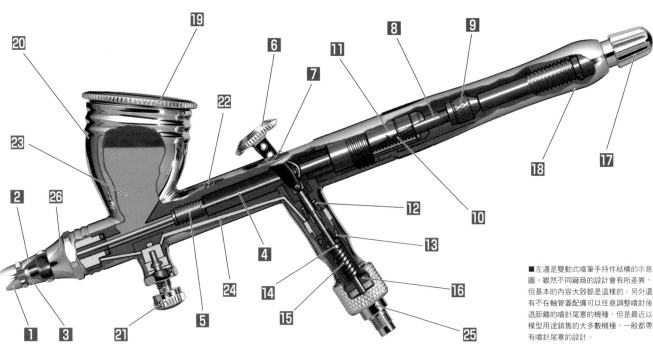

■左邊是雙動式噴筆手持件結構的示意圖。雖然不同廠商的設計會有所差異，但基本的內容大致都是這樣的。另外還有不在軸管蓋配備可以任意調整噴針後退距離的噴針尾塞的機種，但是最近以模型用途銷售的大多數機種，一般都帶有噴針尾塞的設計。

1 噴帽（皇冠型）：
用來保護噴針前端的零件。通常沒有切口的造型比較多，但是對於精密作業來說，皇冠型是最適合的。

2 塗料噴嘴：
收縮塗料和空氣混合氣體的噴出路徑，加速流速。

3 噴嘴蓋：
用來保護塗料噴嘴的零件。

4 噴針：
調節塗料和空氣混合氣體的噴出流量。

5 噴針密封環／含鐵氟龍的止動螺絲
防止塗料逆流至手持件本體內部。

6 按鈕：
控制空氣和塗料的噴出。如果是雙動式的話，按下按鈕就會有空氣噴出，然後再將按鈕向後拉倒的話就會噴出塗料。

7 按鈕回推：
用於將按鈕推回開始位置的零件。作動時同時發揮噴針彈簧的功用。

8 噴針夾頭：
讓噴針配合按鈕的動作產生連動的零件。

9 噴針夾頭螺絲：
將噴針固定在噴針夾頭上的螺絲。

10 噴針彈簧：
能夠讓噴針復位的彈簧。

11 噴針彈簧蓋：
雖然是收納噴針彈簧的蓋子，但也有用來支持噴針前後運動的功能。

12 活塞密封環：
為了防止空氣從連接在按鈕下端的活塞部漏出而設置的密封環。

13 閥件套筒（附帶 O 形圈）：
支持氣閥的動作。

14 氣閥（附帶 O 形圈）：
控制從供應源輸送來的空氣的流出和阻斷。

15 氣閥彈簧：
將氣閥復位至阻斷位置。

16 閥件導向螺絲：
固定住閥件單元。

17 噴針尾塞（附帶 O 形圈）：
限制噴針的後退距離。

18 軸管蓋：
保護噴針夾頭和噴針尾端。

19 塗料杯蓋：
用來防止溶劑揮發和作業中的塗料溢出。

20 塗料杯。

21 空氣調節螺絲：
將氣閥輸送來的空氣暫時滯留在氣室內，根據調節螺絲前端的氣閥位置，微調流向噴嘴的空氣流量。這是近年比較新（近 10 年左右）裝備的機構，不過，最近在普及機種上也大量導入這樣的機構。

22 手持件本體。

23 塗料。

24 空氣流道。

25 空氣軟管接頭：
在舉例說明的機種中，由於本體的連接螺絲是 1/8，所以安裝在規格不同的軟管上時，需要加裝這樣的轉接頭。照片中是 1/8-PS 用空氣軟管接頭。

26 噴頭。

噴筆系統的基本組成

■塗料噴塗需要準備哪些工具呢？

噴筆塗裝時所需要的工具，首先是噴筆的手持件，然後是空氣的供應源，以及將這兩者連接起來的軟管，以上 3 件是基本的工具。此外，為了便於塗裝作業，以及更好的塗裝效果，還有各式各樣的周邊器具都已經商品化了。不過只要備齊上述 3 件工具就能夠開始塗色。

最近有很多將手持件、空壓機及周邊器材等產品組合成套販售的產品，價格上也比較容易下得了手，也有很多廠商推出模型專用的噴筆系統，可以說購買相關器材的環境十分完備。

特別是用來作為空氣供應源的空壓機，價格範圍比手持件分布得更廣，從廉價到高級機種都齊全。如今早已不像以前那樣，需要考慮拿高壓氣瓶來作為空壓機的替代品使用的狀況。

■噴筆所需的最低限度要素有以下 3 點

●噴筆的本體手持件

藉由空氣的流動使塗料形成霧狀，發揮噴塗作用的器具是噴筆的手持件。作為模型用途的市售機種有很多，有的是將原本使用於繪畫、美術而開發的機種來轉用、應用，不過不根據用途的不同市面上也存在著各式各樣的不同機種。正如左頁的構造圖所示，作為器具本身，構造是非常簡單的，但是由於各個零件的加工精度和耐久性（耐擦蝕、耐磨耗、耐藥品性）等不同，在價格上產生了很大的差異。

購買的時候，會因為預算（初期投資）的設定條件不同，而有各式各樣不同的選擇。但是一般來說，在製造商和銷售店家推薦所謂的模型塗裝用的通用機種產品中，（如果是同樣口徑的產品的話）選擇較高級的產品就沒錯了。反過來說，如果銷售店家建議我們還不需要購買的東西，遵從這個建議可以說是最好的辦法。

●只有手持件和空壓機的話，也是無法使用

作為空氣供應源的空壓機（或高壓氣瓶）和連接到手持件的軟管，一般是像照片那樣的樹脂材質，但在以前通常是使用在橡膠管上披覆布料的產品。後者原本是使用於比模型塗裝的常用氣壓高出許多氣壓領域作業的轉用品，所以對於需要細微動作的作業內容來說，軟管的阻抗力太大而難以使用。在模型塗裝或是適合精細作業的空氣壓力下，合成樹脂製的軟管操作性會更好，一般在市面上流通的產品（雖然也會受到搭配使用的空壓機的性能所左右）大部分都是樹脂材質的產品。

形狀有直條管和線圈狀的螺旋管兩種，這些要根據使用的環境來選擇。另外軟管和手持件等工具，有可能因為製造商的不同，接頭等金屬零件的規格也會有所不同，因此需要加以注意。

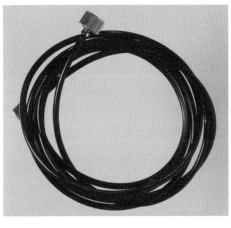

●若是沒有提供空氣的來源，就無法使用噴筆的手持件

空壓機單體價格接近 10 萬日元的時代已經過去了（當然現在高級機種也有很多高價的產品）。以前作為空壓機心臟部位的馬達，不管是在持續耐久性、小型化、作業時的靜音性、空氣供應不連續（也就是所謂的脈衝）的緩和等等，滿足這些精密作業需求的系統無法以低價提供，這就是價格居高不下的原因。

而如今，藉由空氣排出機制及馬達性能的提升、可對應特定用途輸出空氣的空壓機已經成功商品化。如果是個人製作模型的使用頻率的話，大概可以耐用一輩子的半永久性（非連續性使用的意思）小型高性能空壓機可以很容易地以便宜的價格買到。

至於什麼才是最合適的機種？關於這點，還是要以使用環境和使用頻率來作為選用的基準。

●另外一種空氣供應源的選擇，高壓氣瓶是製作模型所必需的嗎？

在空壓機價格非常昂貴，重量極重，搬運非常不便的時代，高壓氣瓶是相對簡單的空氣供應源，得到廣泛的使用。當時尚未對氟氯昂(CFC)有使用上的限制，作為不可燃性的便利氣體，CFC 被大量使用，也是噴筆作業的必需品。但是，自從 CFC 被認定為破壞臭氧層的原因物質以來，在使用上訂定了嚴格的限制。結果在噴漆罐中也會用到的「氟利昂」氣體不再允許使用，改以 DME（二甲醚）作為替代氣體。噴筆用的高壓氣瓶也主要轉換成 DME，直到如今仍然是同樣的狀況。雖然也有使用對環境影響較小的「氟利昂」的氣瓶，但是價格昂貴，而且一樣無法改變 CFC 是「溫室效應氣體」的事實。由於 DME 是可燃性的，所以在使用時需要充分注意火氣。

同時從「氟利昂」的時代開始就有一種現象，那就是在高壓氣瓶內以液體狀態壓縮保存的物質向外噴出時，由於氣化的關係，會奪走周圍環境的熱量，導致連續使用噴出氣體時的壓力向低這樣的現象。噴漆罐也有同樣的狀況，這種空氣壓力的不穩定，對噴筆作業造成了很大的困擾。過去在空壓機價格昂貴而很難下決心購買的時代，只能以多個高壓氣瓶交替使用進行塗裝的方式來解決這個問題。

確實，同時具備可攜式而且輕量這種便利性的高壓氣瓶，如果完全消失的話，還是會感到很困擾。然而從模型製作的觀點來看，空壓機現在已經可以用數萬日元就能買到，甚至使用電池作業的可攜式空壓機也都已經商品化，也許沒有必要特意使用高壓氣瓶。再者，當我們已經習慣了空壓機可以連續使用的性能後，回頭使用高壓氣瓶本身就需要非常高度的技巧，這也是事實。

手持件的口徑

■「口徑」要以什麼基準來選擇比較好？

●如果是製作塑膠模型的話，通用性高的口徑 0.3mm 是標準選項

噴筆用的手持件，是把塗料從噴嘴和噴針的間際用空氣的壓力變成霧狀後噴出的結構（沒有噴針的抽吸瓶式噴筆在後面另外敘述），根據用途的不同，有各式各樣不同的噴嘴口徑的款式。市面上販賣的模型／繪畫／美甲用的小型手持件大多是 0.1mm～0.5mm 直徑的款式，其中有什麼區別呢？

一般來說口徑大的噴嘴，因為可以一下子噴出很多塗料，所以適合大面積的塗裝；相反的，口徑小的噴嘴適合較為精細的噴塗作業。

0.2mm 以下口徑的手持件，在精細噴裝和漸層塗裝等表現上非常出色，可以對噴塗的塗料量進行精細的控制。

雖然不適合太大範圍的塗裝，但是如果是30cm 大小的模型塗裝，在實用上幾乎不會感到不便之處。不過因為器具的精度較高，大多為

適合要求精密塗裝的高級者款式，所以幾乎都是價格不菲。

0.5mm 以上口徑的機種，在塗裝像是 1/32 比例的噴射機模型那樣的大型模型時會很方便。另外，口徑大的款式可以噴塗濃度更高的塗料，所以在「想要在汽車模型做光澤塗裝，但是塗料總是會垂流下來」的時候，就可以用較濃的塗料一口氣塗裝而不會造成垂流。考慮到噴塗大範圍時的便利性，很多會採用扳機式的設計。這也是大口徑款式的特徵之一。

對於初學者來說，首先選擇 0.3mm 直徑的產品是比較妥當的做法。如果是要在 30cm 左右的模型上塗裝均勻的漆面，只要有這一支噴筆就完全沒有問題。如果想追求如漸層塗裝這類更加精密的技巧，再來評估其他口徑的款式即可。

這個孔的內徑叫做「口徑」

●透過噴針向後退的動作來讓塗料霧化噴出

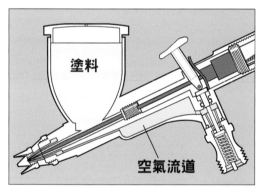

塗料

空氣流道

◀如果我們把一條繩子靠近流水的話，會因為流水產生的負壓，將繩子吸引過去，噴筆就是以此相同的原理來將塗料向外噴出。當空氣從狹窄的噴嘴噴出時，會產生強烈的負壓，從而帶動噴出塗料。當噴帽前端被阻塞，或是將噴嘴蓋鬆開的話，就會無法產生負壓，使得空氣流向塗料杯的那一側，如此便形成了所謂的「漱洗」的結構。

◀如果取下噴針式的手持件的噴嘴蓋，就會露出塗料噴嘴和噴針。這個部分也可以說是噴筆的心臟部位，所以在清潔的時候，請注意不要碰撞而導致形狀變形。另外，將噴嘴蓋裝回的時候，請注意不要折彎噴針。大部分的噴筆都可以用螺絲把噴嘴部分拆下來進行維護保養，其中也有可以更換不同口徑噴嘴，讓一支噴筆就能分別使用幾種不同口徑的款式。

●為什麼要設計出「皇冠型」噴帽呢？

▲皇冠型噴帽

▲標準型噴帽

噴筆如果距離漆面太近的話，空氣碰到漆面後就會噴流回來，使得塗料的噴霧會因為空氣亂流而無法順利地噴塗出去。此外，當圓筒狀噴帽的手持件太靠近漆面的話，也有可能會因為文丘里效應所產生的負壓，造成噴嘴吸住漆面的情況。因此為了讓空氣在近距離塗裝時能夠朝周圍側邊散開，便設計出了前端開裂的「皇冠型」噴帽形狀。有些製造商還設計出了在噴帽的側面打孔的形

狀。

噴帽的目的雖然是為了保護噴針前端，但也有將塗料噴霧很好地聚集在一定範圍內的功用。因此噴帽的變形會給塗裝作業帶來不好的影響。皇冠型、開孔型噴帽在清潔保養時很難用所謂的「漱洗」方式來清洗，此時可以用紙巾等包住前端按住不放，或者是更換成標準型的噴帽來進行清洗即可。

●手持件的不同口徑適合不同的用途

0.2mm 以下 以細噴來描繪迷彩塗裝或是漸層塗裝都能發揮威力

0.3mm 適合一般模型的全能型但可能不擅長細噴作業？

0.5mm 以上 適合使用於大型模型的塗裝以及噴塗較濃塗料來形成光澤漆面

▲上表只是非常粗略地表示不同口徑對應的模型塗裝用途。一般來說會建議將 0.3mm 作為模型塗裝用的最佳口徑。實際上的問題在於即使有口徑上的物理限制，只要恰當地調整空氣壓力和控制按鈕的操作（限制噴針的後退距離），巧妙地調整塗料的稀釋程度，一樣可以表現出相當細的線條和斑點等效果，對於有相當面積的漆面部分也可以應付得來。

口徑所造成的影響是噴針的後退距離愈大，噴嘴的開放截面就愈大，結果是讓噴塗出來的塗料量愈大，但是噴嘴的口徑小，噴塗出來塗料量就會預先受到限制，所以口徑愈小的話，造成的影響就是一次噴塗出來的塗料量會愈少。但是如果使用噴筆時不搭配適當的空氣壓力，就不能發揮 0.2mm 本來應有的性能，這在大口徑的情況也是同樣的，需要加以注意。

各種不同的塗料杯款式

■「塗料杯」的不同設計會影響塗裝作業嗎？

塗料杯的形狀和安裝方式是手持件外觀的特徵之一。每一種款式都是依照不同的使用目的設計而成，可以說是為了應對各式各樣的使用狀況而下了許多工夫。針對模型製作的使用情況下，大部分都會以同一支手持件來應付各種塗裝作業的需求，但即使如此，還是會須要考慮在使用的條件下，哪個形狀的塗料杯比較適合，而關於這一點並沒有標準的答案。

希望能應付大面積的塗裝，如果有這樣的考量的話，也許可以根據需要，選用可以改變塗料杯容量的上脫式設計比較好。另外，使用後的清潔等維護最易進行的是直接固定式的塗料杯。

GSI Creos 的懸掛(抽吸)式雖然維護保養起來有點麻煩，但是可以將該公司發售的溶劑類壓克力樹脂塗料的瓶子直接作為手持件的瓶子來共用，這也是其魅力之一，但現在已經停止銷售。

市售的模型用途的手持件，已經不太看得到橫接式的設計了。這是因為除了拆裝很麻煩之外，如果不注意的話，還會導致接合處發生塗料洩漏。但根據塗裝作業的條件，可以任意調整固定瓶子的角度，這是其優點之一。

不管怎麼說，塗料瓶和口徑相比之下，只算是附帶的條件，所以在選擇手持件的時候，重要度可能會較低。不過如能預先考量自己主要製作的模型種類，將塗料瓶的設計也納入選擇條件當中，日後作業起來會更加方便。

●橫接式（拆裝式）

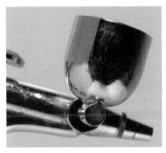

▲這種方式的設計曾經被 OLYMPOS 公司的噴筆手持件大量採用，並轉用於模型塗裝用途。可以更換容量不同的塗料杯，而且在使用過水性塗料（顏料）之後的清洗也比較容易。另外，根據作業的方式所需，可以將塗料杯相對於手持件本體的角度任意調整，因此是繪畫用途廣泛普及的設計方式。只是如果塗料在杯中凝固的話，曲柄部分的清洗、清潔工作會變得很麻煩。

●上方直接固定式

▲現在的模型用噴筆手持件標準規格就是這種設計。原本是以對水平方向進行塗裝為前提而設計，適合手持件的前端以 45 度左右的角度朝下的塗裝作業（下圖）。因此，作業時手部動作會受到限制，由於缺乏多用途性的關係，在設計上進行了改良，最後就成為了現在這樣的造型。這種方式是最容易清洗塗料杯內的設計。

●上方拆裝式

▲可以替換成容量不同的塗料杯，能夠因應需要使用的塗料量來做調整。大多採用於扳機式的手持件。照片是 TAMIYA 的產品，但與該公司的乳白色半透明塑膠塗料杯（下方照片）相容，可以一邊確認塗料內容一邊進行作業。維護保養也比較容易。

●抽吸式

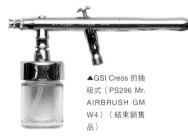

▲塗料瓶可以代替塗料杯裝在噴筆上，最大的優點是只要把濃度調整後的塗料放入瓶子裡就可以直接使用。只是清洗、清潔的工夫會比塗料杯式的設計更麻煩一些。（GSI Creos 的抽吸式噴筆已經全部結束銷售了）

▲GSI Creos 的抽吸式（PS296 Mr. AIRBRUSH GM W4）（結束銷售品）

●明明是同樣的口徑，既有非常昂貴的手持件，也有非常便宜的手持件，那麼在性能上到底有什麼不同？

▲ANEST IWATA 製噴筆旗艦款式，CM-CP2（開放價格）。前一代的 CM-CP 是獲得許多知名模型製作者使用的名品，經過重新設計霧化空氣路徑之後，提升塗料霧化性能的改良品即為 CM-CP2。這款機種藉由改變按鈕的形狀等細節的改良，讓模型製作者更容易操作使用，讓使用者可以驚訝地感受到光滑柔順的噴塗手感。

▲高級款式的噴針其錐形形狀加工角度並不是一成不變，而是愈朝向尖端愈向內縮小的特殊形狀。這樣的設計能夠讓塗料噴出時的間隙立即迅速擴大到一個程度，然後再慢慢逐漸擴大，使得一開始的噴塗就能夠更加順暢進行的調整設計。當然這種加工的精密度會反應在價格上。

手持件即使是同樣的口徑，從價位很高到很便宜的款式都有在銷售。主要的價格變化是來自於噴嘴和噴針等內部零件及構造的精度不同。

價格便宜的款式乍看之下噴塗出來的狀態似乎也很漂亮，但仔細觀察後就會發現霧化後的塗料並沒有噴出漂亮的圓錐形狀，而是微妙地向某個方向傾斜噴出，霧化的顆粒也不均勻，有時會噴射出較大的飛沫，然後在漆面上形成顆粒狀的外觀。價格昂貴的款式在同款機種之間也不會有太大的個別差異，可以噴塗出穩定均勻的塗裝表面，並且形成漂亮的霧化範圍。

單動式設計？

■單動式和雙動式的構造有什麼不同呢？

選擇手持件的過程中，在口徑之後最讓人感到猶豫的大概是「單動式」或「雙動式」的決定了吧！模型製作中使用的手持件，原本是使用於照片修整和繪畫用途的產品。為了能讓噴筆使用起來和以畫筆描繪一樣，開發出了可以自由改變線條粗細和筆觸的雙動式構造，但如果是製作塑膠模型的話，情況就會稍微有點變化了。

在塑膠模型製作中，除去迷彩塗裝和漸層塗裝，大多數使用噴筆的情況都是為了要得到均勻的漆面吧？對於以均勻塗裝為目的的基本塗裝，不需要一邊噴塗一邊改變線條粗細的功能。此

外，實際上在迷彩塗裝和漸層塗裝的作業中，也不怎麼會遇到需要一邊噴塗一邊改變線條粗細的情況。即使是使用雙動式款式的模型製作者，平時也是用旋鈕（噴針尾塞）將噴針調整到想要的行程後，直接將按鈕按壓到底來噴塗，大多時候不會一邊噴塗一邊調整塗料量吧！

雙動式由於構造比較複雜，所以價格也相應上漲，而單動式可以說是廢除了不必要的構造製作而成，所以單動式會更便宜一些。另外，雙動式需要在塗裝過程中持續拉動按鈕，因此會有長時間塗裝時手指容易疲勞的缺點。而單動式按鈕

容易按壓，因此適合於塑膠模型基本塗裝那樣的長時間塗裝作業。

這樣寫來，既便宜又不容易造成疲勞的單動式似乎會讓人覺得很棒。然而單動式在構造上有一個很大的缺點，那就是在沒有塗裝的時候，如果不把噴針收回噴嘴關閉位置的話，塗料就會垂流下來。雖然這只是一個小缺點，但長久下來就會形成巨大的精神壓力來源。因此本書還是推薦各位選用綜合評估起來使用較為方便的雙動式款式。

●單動式構造

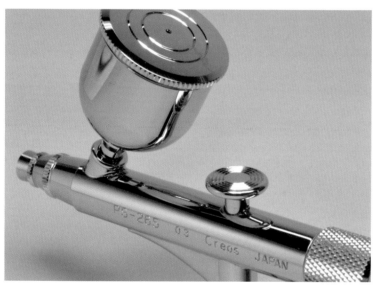

▲照片為 GSI Creos Mr.PROCON BOY Sae 口徑 0.3mm 單動式機種
內部構造簡單，價格也較親民。推薦在大面積均勻塗裝的情況下使用。

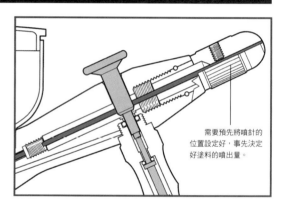

需要預先將噴針的位置設定好，事先決定好塗料的噴出量。

單動式的按鈕只會朝向單一方向移動，按鈕的操作可以控制的只有空氣的流量。

大部分款式的噴針都是需要另外獨立操作。基本上無法一邊噴塗一邊調整塗料的噴霧量（當然用沒有拿著噴筆的另一隻手去操作旋鈕的話，也不是真的做不到，但是畢竟不太實用）。構造相對比較簡單。

▲按下按鈕後，就會與空氣一起噴出定量塗料的構造。
精細噴塗本身雖然沒問題，但幾乎無法控制細微的霧化範圍。

▲單動式的最大缺點是每次中斷作業時，如果不把噴針放回原處的話，塗料就會垂流下來。

或是雙動式設計？

●雙動式構造

▲照片上是 GSI Creos PS270 Mr.PROCON BOY FWA PLATINUM 口徑 0.2mm 雙動式按鈕後方有一道缺口，這是雙動式在外觀上的不同處。

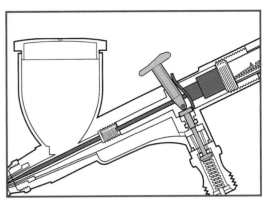

雙動式的構造在按下按鈕後可以讓空氣噴出，再將按鈕向後拉，就能藉由噴針的後退距離來調整塗料的噴霧量。最大的優點是可以用一根手指同時控制兩個動作，習慣後可以一邊噴塗一邊改變線條的粗細。

幾乎所有的款式都附有可以任意限制噴針的最大拉幅的旋鈕，所以其特點是可以在自己調整好的塗料噴塗量範圍內來進行自由度極高的噴塗作業。

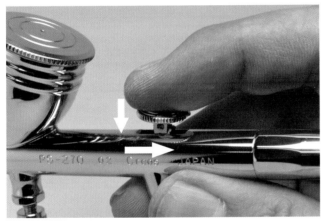

▲雙動式可以無階段地自由組合按壓及後拉的程度。只是操作時對於按鈕的按壓程度，要想維持在中間位置是很困難的。無論如何在習慣之前手指可能會覺得有點疲累⋯⋯。

▲噴針的行程（後退距離＝塗料的噴出量）可以用尾端的旋鈕（噴針尾塞）來進行調整。只要是在預先調整好的出料範圍內，在塗裝過程中可以自由改變塗料的量。

●實際上噴針式的扳機式手持件在內部構造上也是雙動式的

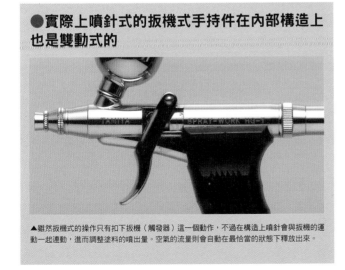

▲雖然扳機式的操作只有扣下扳機（觸發器）這一個動作，不過在構造上噴針與扳機的運動一起連動，進而調整塗料的噴出量。空氣的流量則會自動在最恰當的狀態下釋放出來。

▲慢慢地一邊將按鈕向後拉一邊噴塗的話，就可以像這樣改變線條的粗細。只要訓練指尖的動作，就能隨心所欲地描繪出想要的線條。

選擇噴筆的要點

■選擇最適合自己的手持件時的要點

■按鈕和扳機，到底哪個好？

正如之前看到的那樣，手持件的作動部位大致可以分為按鈕式和扳機式這兩種。扳機式的優點是可以像握著扳機一樣使用，所以用手不容易疲勞，很容易進行長時間的操作。以進行大面積的塗布作業為目的的大口徑噴筆大多採用扳機式的設計，是因為必須長時間維持噴出塗料的狀態，如果是按鈕式的話，手指的疲勞度會很大，所以

可以說扳機式是優先考量使用方便性的規格。

不過即使是扳機式的構造，只要熟練之後，透過按壓扳機的力道，要在某種程度控制線寬的變化也不是不可能的。透過調整噴針尾塞可以任意限制扳機的按壓行程，這點則與雙動式的構造是相同的。

在模型製作中使用時，到底按鈕好或者扳機

好？會和自己要製作什麼樣的作品有關係。最終還是要回歸到個人的喜好，無法判斷哪一種形式會更好。作為初學者，如果是第一次購買噴筆的話，雙動式的按鈕式噴筆應該會是比較恰當的選擇。

▲如同之前說明的那樣，雙動式的按鈕式是入門用的基本款式，同時也是可以長期使用的標準款式。關於按鈕的控制，與其說是訣竅什麼的，不如說是只要去習慣就好；與其說是要追求稱手的設計，不如說是經常使用直到手去習慣它為止。客觀地說，如果打算購買噴筆工具的話，首選是按鈕式的雙動式，然後有需要再添購扳機式來作為輔助工具。

▲扳機式乍看之下像是單動式，其實只是用一個扳機來同時移動氣閥和噴針，構造上屬於雙動式的一種。如果鬆開扳機回到原處，噴針就會跟著回到原處，所以在沒有噴塗的時候，前端也不會發生塗料洩漏。由於空氣和塗料的量是兩者連動變化的，所以不像按鈕式雙動式有那麼高的自由度，但如果只是為了獲得均勻的漆面，在噴筆作業中與按鈕式並沒有什麼差別。

■無噴針的抽吸瓶式好用嗎？

▲這是 GSI Creos 的無噴針抽吸式手持件 PRO-SPRAY 系列。在外觀上很容易理解如何能夠噴塗的原理，但對於噴塗的調整，多少還是需要習慣的。雖說是入門用的，但在專業人士中也有很多愛用的人。可以直接裝上 Mr.COLOR 等塗料瓶。

沒有噴針的抽吸瓶式的手持件，便宜的款式大約只要 2000 日元（實際行情）左右的價格就可以買得到。利用空氣的負壓抽吸安裝在底部的塗料瓶內的塗料，再透過空氣的氣流向前噴出的方式，可以說是保持了手持件的原始形態。因為沒有噴針的設計，所以可以簡化構造，價格也比噴針式的噴筆便宜很多。

與噴針式在使用上的便利性的最大差別是在於塗料稀釋程度的要求。噴針式的塗料即使濃淡稍有變化，只要提高空氣壓力的話，還是可以噴塗出來。但是抽吸瓶式的空氣壓力和稀釋程度不合適的話，就不能噴塗，在這方面可以說是條件

比較嚴格的。只要適當地稀釋塗料，噴塗出均勻的漆面就不難了。

所謂的噴霧器，是一種自古以來就存在的器具。在傳統工藝的世界裡，噴霧器是需要用嘴從後方吐進空氣來使用的竹製器具，這和噴筆噴塗的原理是一樣的。我們可以將其視為傳統器具經過進化，成現代風格的工業產品，演變、替換成了這樣的形狀、材質。

如今，模型用手持件被要求的性能也已經提升到很高的程度。以下要介紹的是如今雖然已經能說是一般的器具，但確實也有這些不同設計的款式存在，請大家作為參考。

■有噴針的抽吸瓶式設計怎麼樣呢？

▲這是過去 GSI Creos 曾經發售過的抽吸式手持件。口徑0.3mm 雙動式。現在已經絕版。

▲岩田的 HP Plus HP-BC1P（開放價格）的口徑也為0.3mm。附帶 20ml 的專用瓶。

GSI Creos 除了上面的無噴針的商品外，還曾經將抽吸式的手持件商品化。該類型是以口徑0.3mm 的雙動式的款式為基礎，最大的特點是可以直接安裝 Mr.COLOR 等塗料瓶，除了可以連續換瓶使用已經完成調色和濃度調整後的塗料之外，在塗裝大面積的情況下也很方便，只要使用習慣之後，就很難將其捨棄的傑作款式（全部都已經絕版）。現在 ANEST IWATA、AIRTEX 等公司也還有抽吸式的款式在市面上銷售，不過因為是使用各家專用的瓶子，所以最好另外多購買幾個瓶子備齊數量來使用。

■不僅僅是手持件本身，附屬器材也很重要

■高級款式逐漸成為標準化的構造有哪些？

空氣增量系統

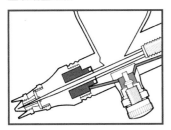

▲為了在低壓到高壓的條件都能夠穩定地噴塗，所以在噴筆內增設了一個小氣室（也就是說是極小型的內置儲氣桶）的設計。

空氣調節系統

▲即使沒有減壓調整器，也能在手邊改變風量的空氣調節系統。最近搭載這個功能的款式增加了。

Semi-easy soft button

▲藉由在按鈕部分的形狀上下工夫，可以微調噴針的後退程度，還搭載了從一開始就可以順暢噴塗的構造。另外，因為按鈕和活塞連結在一起的關係，維護保養的工作也變得輕鬆了。

空氣調節系統是在從氣閥流入並且以一定壓力向噴嘴推進的空氣流道途中，設置「堰形結構」，達到微調流向噴嘴的空氣流量的系統。由於需要精密加工，以及增加零件數量的關係，空氣調節系統必然會成為高級機種才有的設計，但是最近普及型機種也因為製造商的大力推廣而逐漸標準化了。這個構造雖然習慣使用之後會很方便，但是還需要每個人依照自己的手感去掌握最佳的調整程度。

■推薦使用什麼樣的空氣軟管呢？

▲線圈狀的螺旋型軟管伸縮自如，不會有多餘的軟管造成妨礙，並且具有減輕空氣脈衝的效果。WAVE 公司生產的軟管是透明的，可以即時發現水滴的產生，使用起來安心方便。

▲標準的「直管型」產品因為輕量軟質，所以配管和操作起來很輕鬆。金屬接頭可以旋轉的款式會比較方便。因為有長期使用老化的可能性，所以最好視為消耗品。

▲手持件附屬的合成樹脂細軟管，難處是在容易受到陽光和稀釋液的影響而劣化。長期使用的話，會因為老化而容易產生裂縫。

▲外皮有編織披覆的軟管很有彈性，抗老化也很強。但是如果長度較長的話，有可能會妨礙到操作及配置，這點不好克服。

▲如果需要使用到多個不同的手持件，又希望在作業途中可以輕鬆更換手持件，推薦給有這樣煩惱的人的是附帶快速接頭的軟管。

說來理所當然，手持件無法單獨使用。需要從空壓機（或是高壓氣瓶）用軟管輸送空氣後才能噴塗塗料。空氣軟管雖然很樣素，但卻是必要的必需品（雖然也可以直接安裝在高壓氣瓶上，但是這樣的體積太大，操作性會變得很差）。

既是如此，選擇怎樣的軟管就是一個重點，最近以軟質合成樹脂製作的產品是主流，基本上使用這種材質比較好。不過如果要使用（或打算購買）的空壓機輸出能力較大，那麼就會需要配合空氣壓力來使用與空壓機機種相對應的軟管。

合成樹脂材質的軟管有分為直管型和螺旋彈簧管型兩種，根據作業環境的不同，選擇的方向也會有所不同。如果空壓機是安裝在作業台上的情形，那麼直管型也可以。但如果空壓機是放在地板上，而作業台的高度和通常的辦公桌差不多高的話，使用"螺旋管"會更方便。

除此之外，意外地會造成作業時煩躁壓力的是軟管的拆裝作業。金屬零件的部分如果是無法獨立旋轉的類型，那麼不連同噴筆一起旋轉就無法拆開軟管，一不小心軟管就會變成歪七扭八，讓人感到心情煩躁……（此外，也有為了方便拆裝而採用快速接頭方式的軟管產品。即使沒有打算使用多個手持件，使用這種軟管也很方便，建議各位可以去了解一下）。

■請注意手持件和軟管的接頭尺寸！

▲從左開始為 1/4(L)、1/8(S)、PS(細)的母接頭(凹)側的金屬零件。模型用的噴筆、空壓機以及周邊器具，幾乎都採用了這三種規格中的其中一種。

▲市面上有販賣各式各樣的接頭轉換金屬零件。照片是 GSI Creos 公司的「軟管用 Mr.JOINT（3 件組）」。這是該公司為了讓自家販售的手持件和空壓機可以與其他公司的產品互換相容而商品化的選配產品。
一般情況下，只要有這 3 種規格以及「1/4L 凹→1/8(S) 凸」變換金屬零件就足夠運用了。另外，該公司的產品之間有需要轉換尺寸時，會預先將零件包含在商品組合中販賣。

連接手持件與空壓機的空氣軟管、減壓調整器／除水器的接合處的螺絲大致有 3 種規格。如果規格不合的話，好不容易買來的零件也是無法銜接，所以購買的時候要好好確認一下各自的金屬零件是哪種尺寸才不會浪費了。

但如果空壓機、減壓調整器／除水器的金屬零件和想要使用的軟管金屬零件尺寸不同時，就輪到轉換金屬零件出場了。市面上有著各式各樣的零件組合，組合時請注意口徑的規格和公／母（凹凸）接頭的組合，選擇必要的零件。

選擇噴筆的要點

■方便的附屬零件擴大了塗裝的可能性

■塗料杯的容量都是怎麼決定的？

　　一般的模型用的手持件，塗料杯的容量大概是 10cc 左右。如果是製作 30cm 左右的模型，這樣的容量應該不會感到不夠用吧！

　　即使是使用小塗料杯的手持件，只要事先用紙杯等容器調好塗料，噴塗作業中塗料不夠的話，只要再補充倒入塗料即可，顏色也不會變得不均勻。

　　如果有可能會需要製作大型模型的話，那麼還是購買能夠更換塗料杯的款式比較好。不過，如果塗料杯本身太大的話，可能會造成頭重腳輕而難以操作，因此需要注意手持件的形狀。

▲可以拆卸塗料杯的手持件，也有販賣交換用的大容量杯，請充分活用吧！

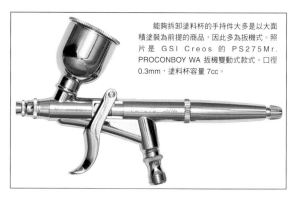

能夠拆卸塗料杯的手持件大多是以大面積塗裝為前提的商品，因此多為扳機式。照片是 GSI Creos 的 PS275Mr. PROCONBOY WA 扳機雙動式款式。口徑 0.3mm，塗料杯容量 7cc。

■提升握在手中的舒適性，手持式的水分、灰塵過濾器

　　塗裝用的空壓機可以吸入周圍空氣，透過機械構造壓縮後，再以一定的壓力持續輸出加壓後的空氣。因此，如果吸入空氣中含有水分和微小灰塵的話，會成為塗裝作業的一大障礙。當然，塗裝用的空壓機會事先在系統中裝設有去除水分和灰塵的裝置。那就是後面會介紹到的除水器和過濾器。而這裡要介紹的則是設計成在通過那些過濾器之後，再發揮最後「把關」作用的附屬零件。在潮濕的季節裡，不僅僅是不能充分去除的水分，有時還會在軟管內壁出現結露的現象。那些水分可能會在剛開始噴塗的時候跟著一起噴出來，而這個器具會把這些狀況全部排除掉。另外，還可以當作擴充手持件手握部分的作用，所以是如果有準備的話會很方便的道具。

▲如果使用噴筆塗裝會感到手指非常疲勞的人，建議可以試著在手持件上加裝 GSI Creos 的 DRAIN & DUST CATCHER(右)。這個零件本來的功能是去除水分用的除水零件，但是因為可以安裝在噴筆下部，所以可以讓手掌來握住固定整個手持件。

■若要買手持件的話，這些也一起買吧…

　　光看手持件的形狀，也能明白大部分手持件都是無法自立的，更不用說還有和空壓機連接，帶有軟管的狀態了。怎麼看也絕對站不起來的。但是在作業中會有想要將噴筆暫時放下的時候，因此像這樣的支架是必要的。這是非常容易被忽略但其實是必需的道具。為了防止手持件不小心橫倒在桌子上「塗料灑了一桌，真是慘到不行！」這種事情發生，也是必備的道具。

　　右邊的照片是 WAVE 公司的噴筆架，商品名稱叫做 HG。一共可以同時收納 4 支噴筆。中間的支架部分可以 360 度旋轉，左右的黑色筒狀部分則可以插入手持件的前端來固定手持件。適合同時使用多個手持件的專業用的規格，還附帶了可以用來固定在作業台上的夾具。

　　也許不需要購買到這麼專業的產品，但是還是準備一些支架類的道具比較好。另外，考量到軟管的張力和彈性的影響，所以最好選擇可以將支架固定在作業台上的形式。

■了解高級款式和廉價款式的區別

■口徑 0.18mm、GSI Creos 旗艦型號的規格考察

PS770「Mr. AIRBRUSH CUSTOM GRADE 0.18」價格／3 萬日元（不含稅）
附屬品：1/8(S)→PS(細)用轉換接頭、PS(細)金屬接頭軟管 1m、空氣罐用氣閥、
噴嘴扳手

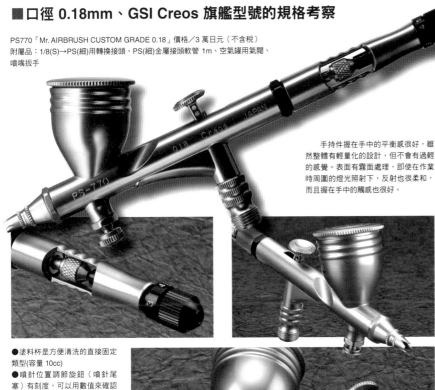

手持件握在手中的平衡感很好，雖
然整體有輕量化的設計，但不會有過輕
的感覺。表面有霧面處理，即使在作業
時周圍的燈光照射下，反射也很柔和，
而且握在手中的觸感也很好。

●塗料杯是方便清洗的直接固定
類型（容量 10cc）
●噴針位置調節旋鈕（噴針尾
塞）有刻度，可以用數值來確認
噴針位置／塗料的噴出量
●鑲空式筆身是設計上的特徵。
可以直接進行噴針夾頭螺絲的操
作。取下噴針的時候，要先把噴
針尾塞取下後，再將噴針拔出。
●消光電鍍處理顯得相當別緻。
不易附著指紋，同時也有不易顯
髒的效果。

手持件如果好好使用的話，是非常耐用的工
具。一旦購入噴筆後，使用於模型製作的頻率就
會很高，因為是直接拿在手上操作的關係，所以
不單單是「可以噴塗就好」，也要重視操作感、
質感、平衡感等等。

照片上的手持件就是不僅追求塗裝性能，還
追求了「作為道具的講究」的款式。

乍看之下印象最深的是表面的沙丁霧面鎳鉻
鍍層處理。以前噴筆手持件外觀一般都是亮光閃
閃的鍍鉻處理，但是最近像這個型號的外觀增加
了，消光霧面而且因為在美甲行業的使用頻率也
很高的關係，所以經過著色處理的彩色款式也不
少。不是只追求實用性，更加上以興趣為本位的
玩心，選擇的樂趣也增加了許多。

這個款式在同公司的手持件產品中，採用了
口徑最小的 0.18mm，可以進行非常細膩的精細
噴塗和漸層塗裝。即使在噴帽前端緊貼對象物的
狀態下，也可以描繪出如鉛筆般的細線，雙動式
的構造還搭載了可以在手邊調節空氣量的空氣調
節系統，可以自由調節霧化範圍。價格昂貴是因
為零件的加工精度高，再加上對於道具高級感的
講究。

在進行以細密的斑點和不定形的波浪線條組
成迷彩的飛機套件噴塗，或是為角色人物模型施
加微妙的色彩漸層塗裝等情形，相信都能夠發揮
實力。

一下子要購買到這個等級的手持件，難度可
能很高。但如果想進行更高精度的塗裝，或是已
經擁有了一般塗裝的噴筆款式，想要增加適合細
噴用的工具時，雖然價格會稍微貴一些，但絕對
值得一試。

■測試一下 0.18mm 的實力吧！

比較對象價格
差10倍（稍微
殘忍了一點）

▲Mr.PRO-SPRAY BASIC
（GSI Creos 價格／4000 日元（不含稅））

只能噴塗出
這種效果……

▲Mr.PRO-SPRAY BASIC 是抽吸式的構造，幾乎是不可能調
整噴塗的狀態。一不小心就會產生飛沫飛濺。

大面積噴塗也不成問題

▲如果將噴針退後到最大限度的話，可以噴塗這麼大的範圍。
實際感受到高精度以及非常柔順的塗料霧化狀態。

塗料杯的凹槽不只是單純的美觀設計

▲塗料杯外圍的凹槽看起來像是為了裝飾的美觀設計，不過，
您知道這其實有防止塗料垂流的作用嗎？

Mr. AIRBRUSH CUSTOM GRADE 0.18 使
用起來會是怎麼樣的感覺呢？就讓我們來介紹實
際試用的結果吧！我們與 Mr.PRO-SPRAY
BASIC 的噴塗效果來做比較。稍微有些不公平
就是了。因為可以說是完全不同類型的比試。

從結論來說，由於勝負太過理所當然，讓我
們感到有些惶恐。不過兩者之間的差距的確是顯
而易見的。Mr.PRO-SPRAY 只能在既定的濃
度、距離、寬幅上進行噴塗，而可以客製化的
CUSTOM GRADE 的款式真可說是自由自在。
從極度精細的噴塗，到面積比較大的塗裝作業，
都只要使用這一支噴筆就能完成。

即使噴嘴緊貼
在表面也能噴
塗。

▲減少噴針的後退量，降低空氣壓力的話，也能夠達到像這樣
的極度精細噴塗效果，充分發揮皇冠型噴帽的本領。

選擇噴筆的要點

■空壓機要以什麼為基準來選擇？

■多達數萬日元的價格差異是什麼原因呢？

模型用的空壓機，價格從 1 萬日元以下，到 10 萬日元以上的產品都有，價格差異很大。價差到這種程度的原因是什麼呢？很久以前，空壓機＝高價，相對的空氣罐＝廉價，一直是大家所認知的選項。空壓機價格之所以昂貴的原因在於為了盡可能抑制空氣壓縮構造所產生的振動，而採用了外殼較重而且耐熱的材質，另外也採用了能夠連續使用的高功率馬達。這些都耗費了不少製造成本。因此，空壓機在價格昂貴的前提下，因有附加功能充實，所以稍微貴了點，而沒有那麼多附加功能，價格就會稍微便宜點（比如說 8 萬日元變成 6 萬日元之類）。

空壓機的價格之所以能夠下降到 1 萬日元左右，主要原因之一是小型、高功率的新型馬達的登場，而採用這類馬達的空壓機在市場上普及所致。

以實際的狀況來說，一般在製作模型的環境中，只要沒有特殊情況的話，就沒有選擇高壓氣瓶的必要，首選就是購買空壓機。那麼，在各式各樣的價格區間的空壓機商品當中，我們要以什麼為基準來選擇呢？這裡就把價格區間分成兩類來考量吧！

首先是 2 萬日元以下的等級。在這個等級的產品，都是只能輸出空氣的簡單款式，不會在出氣性能上產生太大的差異。最高的出氣壓力雖然較低，但是如果不是追求極端精細的噴塗功能，或是纖細的霧化範圍調整性能的話，應該可以充分滿足使用上的需求。

另一方面，如果是超過 2 萬日元級別的話，各種款式的價格和裝備／性能會有一定程度

1 萬日元（不含稅） PS371 Mr.COMPRESSOR PETIT-COM CUTE

構造上搭載了新設計的膜片式壓縮單元，實現了小型化和輕量化，並在機身上使用了樹脂材質。在能夠提供使用於模型塗裝氣壓的前提下，以低售價為目標設計的隔膜式空壓機。但因為上限壓力設定為適合普及通用型的口徑 0.3mm 的手持件使用，所以不能使用於口徑 0.5mm 的扳機式手持件。作為低年齡用戶的入門機器來說，價格相當實惠。或者可以當作輔助用的第二套機器也不錯。

AIRTEX APC006D

4 萬 5800 日元（不含稅）

配備雙軸雙缸，空氣排出量高達 40L/min 的高功率款式，足以因應大口徑噴筆使用。並且配備了 3.5L 的儲氣桶，在抑制脈衝的同時，還對空氣的潔淨化、輸出空氣的穩定化、靜音化做出了貢獻。附有簡易除水空氣過濾器，減壓調整器功能。還附屬了編織軟管，購買後可以馬上進入作業。

的比例提升。價格愈高，性能愈高的減壓調整器／除水器和儲氣桶就會被列入標準配備。如果想充分發揮手持件的性能，快樂地進行塗裝的話，最好選擇配備了減壓調整器的款式。另外，價格也會直接反應在本體的性能上，輸出能力和耐久性也會有差異。還有一點，選擇空壓機的重要考量因素是「靜音性」。如果是在公寓生活，或者需要在深夜作業的話，推薦使用有靜音設計的空壓機。

全副配備、靜音性高的高價款式，對於因興趣而製作模型的人來說，雖然大多是規格過於需求的款式，然而卻也是購買之後能夠使用一輩子

的款式。

構造簡單（但充分足夠模型製作使用）、壓力比較低的 2 萬日元以下的款式，也有在空氣壓縮和空氣輸送的方法下工夫，藉由機殼密封的方式來抑制運轉的聲音，以及減輕構造的驅動聲響，提升性能的款式。這個級別的款式，有很多會在使用的時候，因為馬達的熱量而使得機器發熱，所以購買時要注意，也要向店裡的人確認清楚。

●發展的趨勢是靜音設計和小型化設計

▲Mr.LINEAR COMPRESSOR L5
輸出功率雖然不是很大，但非常安靜。

◀以前可以說是靜音設計空壓機的代名詞即為油式空壓機，但是在構造上，會出現油分伴隨著和空氣一起噴出的症狀，需要定期調整，所以現在幾乎已經從市場上消失了。主流成為不需維護保養，而且重視靜音性的款式。雖然驅動方式不同，但照片上的款式的作動聲響分別在 50db 左右，大小和一般家庭的空調設備的運轉聲音差不多。尺寸盡可能設計成小型化，儘管如此仍能充分滿足模型塗裝使用上所需的輸出能力。再來就是要考量作業場所的環境以及主要用途，來選擇購買的款式了。

▲ANEST IWATA IS-925
雙氣缸的高功率款式。

●用儲氣桶來抑制脈衝

▲AIRTEX
空氣壓縮機 APC002D

◀不採用壓縮、輸出空氣的方式，而是透過往復運動輸送空氣的空壓機會產生空氣的脈衝（空氣密度的疏密變化）。為了解決這個問題而設計出來的是穩壓儲氣桶。儲氣桶形狀根據款式不同而各有不同，只不過只要有這個配備的話，就可以在不產生空氣脈衝地狀態下進行塗裝，避免對精密的作業造成障礙。

■空壓機的驅動方式有什麼不同之處？

模型用空壓機的驅動系統大致分為活塞式和隔膜式（振動板）這兩種。一般來說，活塞式具有良好的維護便利性，能夠承受連續不中斷的運行，雖然可以產生較強的高壓，但振動和聲音卻很大。隔膜式的特徵是系統本身適合製造成小型化，而且噪音也很少。

由於模型製作並不需要那麼高的壓力，所以在空氣供應的性能上無法比較出優劣。另外關於噪音的部分也是一樣不分高下。即使是活塞型，也有藉由將系統浸泡在油中浮動來實現高靜音性的款式，所以可以不需要太拘泥於驅動方式本身。

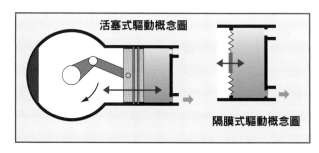

活塞式驅動概念圖

隔膜式驅動概念圖

■除水器和減壓調整器，過濾器有必要使用嗎？

■高級款式一定會配備的除水器、減壓調整器是噴筆的必需品

●在潮濕的日本，「除水器（排水器）」是必需品

▲根據季節和環境的不同，在作業到一定程度後，會需要把水分去掉。大概在夏天的時候，水分會積累到驚人的程度⋯⋯。照片是 ANEST IWATA「IS-925」的除濕過濾器部分。

空壓機是將周圍空氣吸入後進行壓縮，提高壓力，再釋放出來。空氣中原本含有很多水分，但是當空氣受到壓縮後體積變小，其中所含的水分就無法以氣體狀態存在，而會凝集成小水滴混在其中。濕度高的日本，特別是梅雨季節，空氣中含有的水分很多，有時會在軟管內壁結露形成水滴。如果不經過除水器處理的話，水分就會進入噴筆中。這樣就會混合在塗料裡一起噴出，使得漆面變得亂七八糟。如果是水性塗料的話，混入水滴的部分塗料，濃度會發生變化；如果是溶劑類塗料的話，水分會被塗料的薄膜包住，在漆面上形成像水痘痕跡一樣的外觀。

此外，即使經過了除水器處理也無法完全除去的水分，會在除水器到手持件之間的軟管內形成結露，然後慢慢累積。為了解決這樣的情形，可以使用 14 頁介紹的市售 GSI Creos DRAIN & DUST CATCHER。另外，排水器不僅可以去除水分，還具有去除空氣中的油分和細小灰塵的功能。所以在製作需要光澤漆面的汽車模型時顯得特別重要。

姑且不論預先組合成套的產品，若是有需要單獨購買空壓機的時候，建議請一定要另外購買與該款式相對應的除水器裝置。

●空氣壓力要多少才夠用呢？

高功率空壓機可以輸出 0.5MPa（百萬帕斯卡）以上的壓力，但如果使用 0.3mm 口徑左右的噴筆來塗裝 30cm 大小的模型，只要有 0.1MPa 就可以充分因應塗裝需求。能夠將空氣壓力調整為必要值的，就是一種稱為減壓調整器（Regulator）的裝置。能夠輸出高壓的空壓機，大多同時配備有空氣容量較大的儲氣桶，而且還附帶有減壓調整器，所以在低壓下噴塗的時候也能得到穩定的性能。

雖然市面上有分開販售各式各樣的減壓調整器，但也有些空壓機款式會有無法安裝的情況，所以購買時需先仔細確認過自家空壓機的型號。

順便說一下，壓力單位的換算公式是 1MPa $=10kgf/cm^2=10bar$。

■如果是第一次購買的話，可以聰明選用套裝銷售的產品組合

▲GSI Creos Mr.LINEAR COMPRESSOR L7 REGULATOR/PLATINUM SET
附帶的噴筆是 WAPLATINUM 0.3 Ver.2。
5 萬 8000 日元（不含稅）

◀AIRTEX Airbrush Work Set Meteor
將口徑為 0.3mm 的雙動式噴筆和電池包（另售）組合在一起使用的話，就可以不需要插電無線使用，重量約為 500g 的超小型空壓機套裝組合。
1 萬 500 日元（不含稅）

對於「無論如何，我現在馬上就想試試看噴筆塗裝！」這樣的朋友，這裡要推薦給各位的是各家公司銷售的套裝組合產品。

這樣的話，就可以不用在意軟管的規格之類的細節，只需買來就可以開始噴筆塗裝了。當然，之後還可以部分更換零件，也可以追加系統零件來進行升級。

▼TAMIYA SPRAY WORK IIG COMPRESSOR REVO II（含 HG AIRBRUSH III）
小型但有充足的風量，脈衝少的空壓機和雙動式噴筆的套裝組合。
3 萬 3600 日元（不含稅）

▼ANEST IWATA HP-ST850-PH
附帶的噴筆是雙動式、0.3 口徑的 HP-CP，空壓機是配備有過濾器、減壓調整器的 IS-850，再加上線圈形軟管和直管，以及可以懸掛兩支噴筆的支架，限定於模型業界流通的實惠套裝組合產品。開放價格。

不可忽視的周邊附屬品

■確保作業環境……有需要塗裝作業箱嗎？

■塗裝環境一直是模型製作者頭疼的地方……

使用有機溶劑類塗料的噴筆塗裝，環境中會充滿了溶劑中附著的臭味，即使是水性塗料，飛濺的塗料飛沫也會在乾燥後變成粉末，形成粉塵四處飛散，老實說這對健康和家庭來說絕對不能算是良好的環境。如果在室內進行噴筆作業的話，可以使用塗裝作業箱這類的設備，不要讓塗料四處飛散。即使不使用市售的塗裝作業箱，周圍也最好用報紙或塑膠布等材料，儘量大範圍的遮蓋保護，並注意經常保持通風換氣。

此外，市售的塗裝作業箱基本上是為了防止塗料飛散，即便使用作業箱也無法完全消除溶劑的臭味。如果可能的話，最好同時使用市售的換氣扇。

◀編輯部的塗裝作業空間缺少的設備是換氣扇。因為沒有安裝固定的換氣扇，所以是選擇單獨設置的方式。這種風扇的汎用性很高。▼如果是普通大小、形狀的換氣扇，幾千日元就可以買到，吸氣能力也很足夠。掛在窗戶內側，和塗裝作業箱一起使用的話，室內就不會有臭味，可以舒適地作業。▼▼使用價格均一商店販售的 S 形鉤懸掛在窗簾的滑軌上，簡單就可以安裝固定。

▲ModelGraphix 雜誌編輯部的塗裝作業空間。設置了 GSI Creos 的塗裝作業箱、烘乾機、燈具等設備，可以進行舒適的塗裝作業。燈光和換氣是塗裝設備的重要因素。順便提一下，因為是業務用的關係，所以設置的空壓機是 Holbein 的 WERTHER 15A。噴筆則是每位模型製作者自行帶過來使用的。

■不僅僅是作業空間周邊，也要保護自己本身

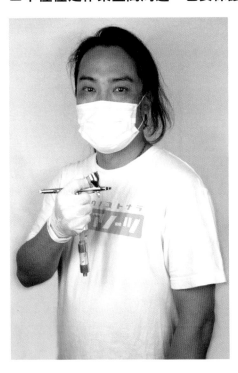

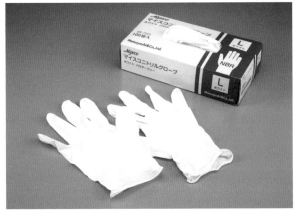

◀手上戴著薄橡膠或塑膠材質的伸縮性手套，可以防止手上的油脂等附著在塗裝對象的套件上，而且手也不會被塗料弄髒。醫療用的丁腈橡膠手套使用起來很方便，還有大容量的包裝，推薦給大家使用。

◀◀在塗裝的時候，最好準備作業專用，即使弄髒也沒關係的衣服或圍裙，而且一定要戴口罩。如果可以的話，也推薦戴上護目鏡。

塗裝作業時戴口罩的目的不只是為了避免吸入溶劑類塗料中所含的溶劑，反而是性狀標榜安心安全的水性塗料，更容易忽略不慎吸入體內的危險性。

使用噴筆（噴漆罐也一樣）塗裝的時候，沒有固定在模型表面飛到空中的塗料飛沫乾燥之後就會變成微小粉末。也就是所謂的粉塵。

一旦吸入了粉塵且進入肺部，將會無法代謝出體外，不斷地累積在肺泡。這種情形不管是水性也好、油性也好，或是硝基漆也都是一樣的。

當然，基於興趣製作模型的程度，並不會有太大的影響，但是基於危機管理的思維，塗裝作業時請一定要戴口罩。

■為使作業環境更加舒適，增加設置塗裝作業箱

■讓我們來看看市面上販售的塗裝作業箱

ARGOFILE Lapboard III

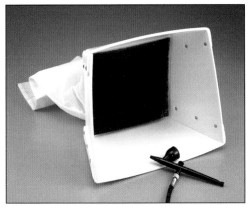

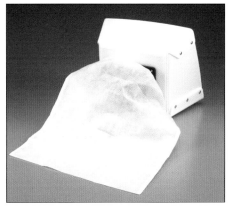

▲HLB5201 Lapboard III
19000 日元（不含稅）
原本是在使用電動工具作業時的桌上集塵機，但由於前面的過濾網規格也可以符合塗裝作業的需求，因此也可以對應噴筆塗裝。構造中內置了沒有在市面上販售的強力風扇，排氣不需要經由軟管排出，而是排出到後面的吸塵袋裡，因此可以放在任何自己喜歡的地方。

由於沒有軟管等排氣零件，後面的構造也很簡單，深度僅 220mm。搬運起來也很方便。可以大量吸收在模型製作時產生的粉塵及木屑，不會弄髒房間。

▲安裝在後部的集塵袋是以不織布製成，只需套上橡皮圈固定即可簡單裝設。不需要使用到螺絲起子等工具，真是親切的設計。平時的保養只需要清除過濾網和集塵袋的污垢即可，當然也有單獨販售集塵袋耗材，讓人使用起來更感到放心。但因為作畢竟只是吸塵器，所以雖然可以吸入飛沫等粒子，但請注意並沒有換氣的功能。還是需要打開窗戶，或是與換氣扇搭配使用。

GSI Creos Mr.SUPER BOOTH COMPACT

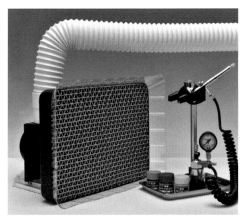

▲照片是作業套組的示意圖。產品不包含塗料等工具。

▲▲FT03 Mr.SUPER BOOTH COMPACT
18,000 日元（不含稅）
吸氣的有效面積與「Mr.SUPER BOOTH」相同，但漆霧引導片的寬幅小了 250mm 左右。深度也較薄只有 290mm，排氣口在上側，可以減少設置所需的場所面積。

TAMIYA SPRAY-WORK PAINTING BOOTH II

TAMIYA 的塗裝作業箱有多層過濾網，可以有效地吸收塗料的粒子。和其他公司一樣，採用了多翼式送風機的設計，成功達到高吸力與安靜作動聲音兩立的效果。另外還附帶了排氣用的延長風管。

◀TAMIYA SPRAY-WORK PAINTING BOOTH II
（TWIN FAN）
24800 日元（不含稅）

TAMIYA SPRAY-WORK PAINTING BOOTH II
（SINGLE FAN）
16800 日元（不含稅）

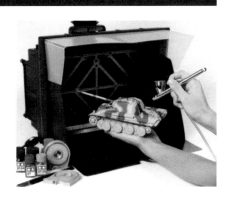

方便使用的附屬品及周邊器具

■塗裝作業有這些道具的話會很方便

■啊！糟了……介紹一下像這種時候能夠幫得上忙的便利道具

在這裡總結介紹「除了噴筆空壓機／塗裝作業箱之外，如果還有這些道具的話會很方便！」的道具。人有兩隻手，其中慣用手得用來拿噴筆，能用的手只剩下一隻。但是需要塗裝的物件很多的時候，事先準備好各種固定零件的用具會很方便。

▲GSI Creos Mr.ALMIGHTY CLIP BASE LARGE 800日元（不含稅）
330mm×240mm×30mm 的大尺寸，有充分的面積可以用來固定手拿棒。即使是零件較多的角色人物模型也不用擔心。

▲GSI Creos Mr.ALMIGHTY CLIPS 20mm WIDTH TYPE（36 根裝）1000 日元（不含稅）
其他還有軸徑 5mm 粗細的手拿棒、兩端夾子型、寬幅固定夾等不同產品可依喜好選用。

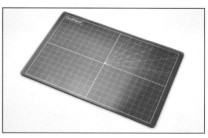

▲GodHand GLASS CUTTER MAT 1800 日元（不含稅）
耐熱強化玻璃材質，151mm×227mm 的切割墊。因為刀刃不會陷進墊子裡，可以將遮蓋墊片或膠帶切割成更細微的形狀。

▲▶GSI Creos 的「Mr.ALMIGHTY CLIP II」（左）和 III（右）（各 1500 日元，不含稅）對於細小零件的塗裝作業很有幫助。
上面的照片是基本套裝組合。不過如果將「Mr.ASSIST PARTS FOR GT-34」的 A 型與 B 型（各 600 日元，不含稅）、「GT-46P Mr.PARTS FIXING RUBBER FOR GT-34（320日元，不含稅）」組合搭配在一起的話，就可以像照片那樣使用，會更加方便。

◀遮蓋膠帶專用鉗 MasPer
3800 日元（不含稅）
GodHand 直接販售的限定商品
可以非常輕鬆地裁切寬約 12mm 以下的遮蓋膠帶。想要只切掉一點點膠帶是很困難的作業，有了這個工具的話，作業就會變得非常順利。

◀TAMIYA SPRAY-WORK PAINTING STAND SET
1500 日元（不含稅）
作業桌和台座這兩種類型的組合，可以旋轉，一旦固定好零件，就可以一邊旋轉一邊毫無遺漏地進行塗裝。

■綜合整理

■依照不同類別考量如何選擇噴筆的實際狀況

船艦模型如果只是要以單色塗成灰色的話，那麼使用噴漆罐也就足夠了。但是要塗裝成即使是 1/700 這樣的比例，也不會破壞整體規模感的漆面，還是使用噴筆較好（特別是以噴筆噴塗底漆補土的話，表面不容易變得粗糙，應該可以更容易形成漂亮的漆面）。如果選用能夠精細噴塗的噴筆款式，可以活用於艦橋漆布甲板部位等細節部分的塗裝。

因為 AFV 武裝車輛模型中經常會出現複雜形狀的迷彩塗裝，所以儘量選擇擅長精細噴塗的細口徑噴筆才是上策。比起均勻塗布的漆面，最近更傾向於在漆面加上抑揚頓挫，所以推薦使用具備微妙控制性能的雙動式高級款式。為了能夠按照心中所想的進行漸層塗裝，事先準備好容量較大的空壓機／減壓調整器的話就能讓人感到放心了。

鋼彈類的機器人模型如果只做基本塗裝及色面，不用特別挑選款式就可以開始塗色了。但如果希望像所謂的 MAX 塗裝那樣以漸層為基調進行塗裝的話，最好是選擇 0.3mm 口徑的雙動式款式。鋼彈模型的基本塗裝作業時間無論怎麼縮短都還是需要相當的時間，所以選擇扳機式的噴筆款式也是一種方法。至於角色人物模型的部分，則推薦可以噴塗纖細漸層的 0.2mm 口徑以下的雙動式款式。

追求表面光滑晶亮感的汽車模型，經常會利用塗料的表面張力來進行光澤塗裝。如果塗料稀釋得較稀薄的話，塗料會堆積在凹部或是垂流下來。解決這個問題的對策是使用 0.5mm 口徑的噴筆。這樣就可以噴出較濃稠的塗料，可以讓塗料變得不易垂落及流動。對於塗裝／組裝工程錯綜複雜的汽車模型來說，如果能準備多種不同口徑噴筆的話，作業就能進展得更順利。

零件表面有很多纖細的刻線造型，也有機體直接是金屬底色裸露的飛機模型，會想要使用可以在表面塗上一層漂亮薄膜的噴筆。要想噴塗得輕薄漂亮，推薦使用口徑較小（0.3mm 直徑以下）、噴嘴周圍精度高的款式。如果選擇品質好的款式，噴筆是可以使用 10 年以上的工具，所以在這裡是否要考慮奮發向上，直接以購入各公司的高級款式為目標呢？

Second chapter

I use the airbrush

第二章

噴筆的使用方法

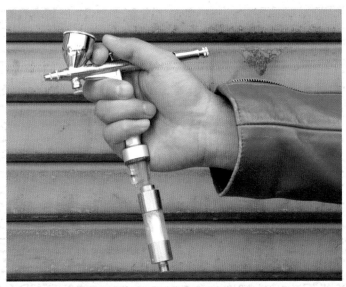

矢澤乃慶先生所擁有的 ANEST IWATA「Hi Line HP-CH」

使用噴筆進行塗裝的時候，

■首先要掌握「濃度」和「空氣壓力」之間的關連性

■也可以說塗料的薄度決定了漆面的完成度

●塗料濃度和空氣壓力的相關示意圖

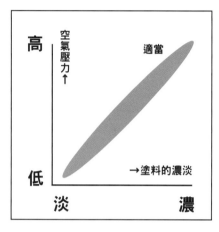

高
空氣壓力
↑
適當

低
淡　　　　　→塗料的濃淡　　　濃

▼▲並非什麼都不考慮，隨便稀釋就好了……。想要用目視法就能判斷分量，需要經驗的累積。順帶一提，市面上也有販售預先調整好用於噴筆的塗料。

為了能夠以噴筆自由地噴塗，需要牢牢地把握「塗料的濃度」、「空氣壓力」、「與對象物的距離」、「噴筆與零件之間的相對速度」這 4 個因素的關連性。

首先要做出聲明，因為噴筆要想噴得好的這四個重要因素，彼此之間都各有連動關係，所以無法把所有的組合都表現在一個平面的表格裡。噴筆作業之所以看起來很難，有些人的實際原因可能是出在「不知道如何適當地稀釋塗料……」。因此，在這裡我們將分成幾個項目，最後根據實際的步驟來進行解說。雖然描述起來有點兜圈子，但只要好好掌握各個項目之間的關連性和優先順序，就可以實際控制好塗膜的厚度、光澤、顏色以及霧化範圍等等。

言歸正傳，噴筆塗裝是利用空氣將塗料霧化（噴霧狀）後，並使其飛濺出去，然後將其披覆在對象物（被塗裝物，總之大多指的是模型表面）上，以這樣的原理來完成上色。如果連塗料都不能很好的霧化，那麼就無法使其向前飛濺推進。所以首先要考量的是讓塗料能夠變成微細飛沫所需要的重要條件「濃度」和「空氣壓力」之間的關係。

塗料在濃稠時黏度會上升，稀釋後黏度會下降。濃稠的狀態下，如果空氣壓力不高的話，就不能很好地霧化，會堵塞或者以結成硬塊的狀態噴出。反過來說，即使塗料很濃稠，只要藉由提高空氣壓力，使用口徑較大的噴筆，也將可以噴塗得很漂亮。

如果將塗料調得較稀釋，若是空氣壓力太高的話，塗料就會出來太多，但是如果將空氣壓力設定得較低一些的話，就可以調整成適當的塗料噴出量。

像這樣，塗料的濃度＝稀釋的程度，並無法用一個數值來決定出標準答案。請各位記住這只是相對的條件設定即可。

■一般來說，塗料稀釋 2～3 倍就 OK 了，但是……

如上所述，只要改變空氣壓力（與口徑也有關係），即使不太講究稀釋的比例，也可以使塗料成功的霧化。但是對於模型製作來說，目的並不是為了將塗料噴出即可，而是要求在模型的零件塗上顏色。即使能夠噴出塗料，如果沒有達到目標的光澤，或者顏色怎麼也無法完美地塗布在對象物上的話，那就稱不上良好的塗裝。

因此，我們取折衷為目標，試著找出中間狀態，並且噴塗效果良好為基準的稀釋方式。如果是 Mr.COLOR 溶劑類壓克力樹脂塗料（俗稱「硝基漆」）的話，相對於塗料 1，稀釋液則是 1.5～2.5 左右為標準。但是，塗料密封蓋一旦開封後，塗料的濃度就會慢慢產生變化，因此需要做出相應的調整。

實際上根據塗料的種類不同，稀釋的條件也會有所不同。所以請先進行下一頁解說的試噴作業，再來決定如何稀釋吧！

▼最基本的稀釋比例雖是如此，但比方說水性塗料若是調得太稀薄的話，有可能塗料會在模型表面被撥開而無法附著。另外，基本上細噴時，噴嘴愈細，塗料稀釋得愈薄，愈能夠進行漂亮的塗裝。

要如何稀釋才算合適？

■意外重要的是噴塗塗料時的「距離」和「速度」

■關鍵在於從手持件前端到對象物的距離以及從開始噴塗到結束的手部移動速度

噴筆塗裝需要注意的是即使以 2 倍（塗料1：稀釋液 1）稀釋的同一種塗料進行塗裝，也要注意手持件和對象物的位置、距離、拿著手持件的手部移動方法、速度等等，只要一個條件改變，塗料的塗布狀態就會完全不同。從噴嘴噴出的塗料噴霧，距離愈靠近噴嘴，噴霧愈密集（也就是密度高），隨著距離拉開而變得愈稀疏（換言之就是分散愈開的狀態）。塗料是以噴嘴前端為頂角的圓錐形向四周散開。而且空氣的壓力也是愈靠近噴嘴愈高，愈遠則愈擴散，壓力愈低。因此，即使是同樣的噴出狀態，愈靠近噴嘴的話，塗料噴出的力道愈強愈激烈；愈遠離噴嘴的話，塗料就會愈和緩地被噴塗到對象物上。

另外，在一直按著按鈕不放的狀態下，塗料會一直從噴嘴噴出，如果移動的動作緩慢的話，在同一個地方會有大量的塗料堆積附著；如果移動的動作快的話，噴到一點位置上的塗料總量就會減少。

太靠近噴塗的話，就會像下面的照片一樣，大量已經附著在表面的塗料會被空氣吹走，形成「流痕」；距離太遠的話，塗料在到達對象物之前會變成半乾燥狀態，造成附著在表面的塗料變成顆粒狀（也可能不會形成顆粒），讓表面變得粗糙。是否有必要快速移動手部，以及是否需要保持噴塗的距離，必須根據塗裝物的大小、形狀、塗料有無光澤等條件來做不同的判斷，但這只能從經驗法則中去學習。

為了要能夠理解這個距離和速度之間的關係，請實際使用噴筆噴塗練習，來掌握其中的訣竅吧。

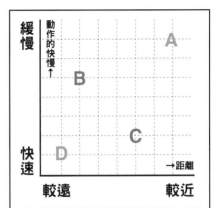

▲將手持件靠近對象物並緩慢移動的話，對象物上會附著很多塗料（A 點）。從較遠處開始緩慢移動（B 點），和從較近處快速移動（C 點）的噴塗效果幾乎相同。距離較遠、較快速移動（D 點）的話，塗料堆疊的量會變少。

如果將噴筆固定在同一個地方的話，塗料就會持續附著在同一個地方，漸漸地因為表面張力的關係而變得有光澤，但超過了容許量的話就會開始垂流。相反的，如果快速移動噴筆的話，附著在一定面積上的塗料量會變少，形成稍微有點消光的狀態。若想要得到均勻的漆面時，最好特別注意移動噴筆的速度。

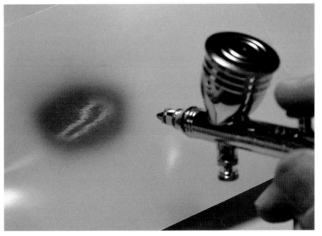

如果在太近的地方噴塗的話（左側照片），塗料會塗布得太多，也會受到噴嘴靠近而增強的氣流影響，將塗料吹走。這種狀態下，如果將塗料調得更稀薄、降低空氣壓力的話，即使距離相同，塗料也不會產生流動。但有可能因為塗料過於稀薄的關係，讓顏色變得較難附著。反過來說，如果距離太遠的話（右側照片），塗料附著的狀態不佳，漆面也會變成消光狀態。

透過正確的「試噴」來掌握塗料

■光是用想像的也無法理解。那就實地進行解說吧！

■能夠掌握試噴的人，就能很好地控制噴筆塗裝

正如前面的章節解說，噴筆塗裝有 4 個影響的因素。如果只是將這些因素各自胡亂調整的話，很難達到我們想要的漆面狀態。因此我們一開始調整時要先將「空氣壓力」的狀態固定下來，然後再一邊試噴一邊看情況來進行後續的調整。

首先將空氣壓力設定為 0.1MPa，再將塗料稀釋到可以噴塗得出來的程度，然後決定好噴塗的粗細（面積）。想要細噴的時候，那就減少噴針的後退距離，使噴嘴處於「收緊」的狀態。但

是塗料通過噴嘴的流路變窄的話，如果不是較稀薄的塗料就噴不出來了。所以在這裡還需要再追加一道濃度調整的作業。另外，細噴的時候如果不同時降低空氣壓力的話，會出現噴出過多稀釋塗料的狀態，所以也要調整空氣壓力。想讓噴塗線條變粗的時候，將上述的調整反過來做就可以了。請一邊試噴，一邊反覆調整，直到可以噴出自己想要的線條粗細為止吧！

試噴的時候，不是漫無目的地噴塗，而是要利用光線的反射來觀察塗裝表面的狀態，掌握塗

料的噴霧是怎樣向前飛濺的，這點很重要。塗料的濃度、氣壓、塗料的噴出量大致決定下來後，一邊微妙地改變距離和移動速度，一邊尋找可以噴塗出目標漆面狀態的最佳比例。

詳細狀態請參考以下照片。仔細觀察並牢記怎麼調整會形成怎麼樣的狀態，以及其中的平衡關係吧！

▲嚴禁突然在噴筆的塗料杯裡加入未經過調整的塗料。一旦濃稠漆料堵塞住的話就不好處理了。即使塗料的濃度合適，也要先把稀釋液放到塗料杯裡，然後再放入塗料。

▲可以使用混合用的專用塑膠杯，也可以使用紙杯。顏色是白色。白色的紙杯，比較容易確認顏色的色調。首先，要將瓶中的塗料充分攪拌，然後全部倒進紙杯裡。

▲將塗料倒入紙杯後，再加入適量的稀釋液。如果先在空的塗料瓶中倒入稀釋液進行計量的話，就可以簡單地做到定量稀釋。不過要注意塗料瓶裡的塗料若沒有全滿，而是已經開封使用過的狀態，有可能塗料的濃度會比全新的塗料更濃一些。

▲經過稀釋液稀釋後，可以看到塗料的底色（殘留在杯子內側的塗料顏色），進而得知實際的色調如何。

▲首先將氣壓設定為 0.1MPa（1bar）左右（即使是不能調整壓力的空壓機，原始設定的壓力值大約也是這個壓力）。請確認說明書上的額定壓力），確認塗料是否可以正常噴出。如果噴出的狀態不理想的話，那就要再稀釋一些。

▲將塗料倒入手持件的塗料杯中。如果將紙杯的邊緣捏至彎曲的話，塗料會更容易倒進塗料杯中。另外，塗料和稀釋液要充分攪拌均勻。

▲塗料可以正常噴出後，一邊拉出線條，一邊調節旋鈕，決定好塗料的噴出量，然後再調整空氣壓力。如果要收斂塗料範圍進行細噴時，請調降空氣壓力。

▲如果要追加調整塗料濃度的話，即使有些麻煩，也要先將塗料倒回紙杯，然後在紙杯內進行稀釋。這樣的話，比較不容易造成濃度不均勻，即使在塗料量較多的狀態，也更容易進行微調。

的「稀釋比例」

■透過不同案例學習，確認塗料的各種狀態

■「仔細觀察」塗料霧化的狀態，取得最佳的平衡狀態

壓力較低↑

空氣壓力

↓壓力較高

▼空氣壓力愈大，塗料噴出的量也會愈多。塗料容易堆積，很快形成光澤漆面，甚至開始垂流。▲空氣壓力太低的話，塗料幾乎無法順利噴出，會形成顆粒狀的消光漆面。

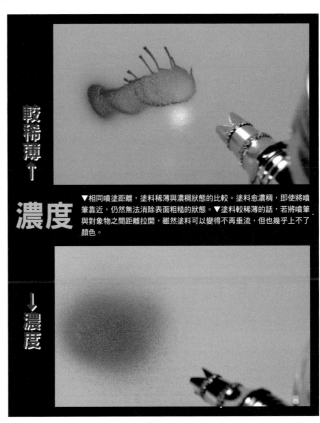

較稀薄↑

濃度

↓濃度

▼相同噴塗距離，塗料稀薄與濃稠狀態的比較。塗料愈濃稠，即使將噴筆靠近，仍然無法消除表面粗糙的狀態。▼塗料較稀薄的話，若將噴筆與對象物之間距離拉開，雖然塗料可以變得不再垂流，但也幾乎上不了顏色。

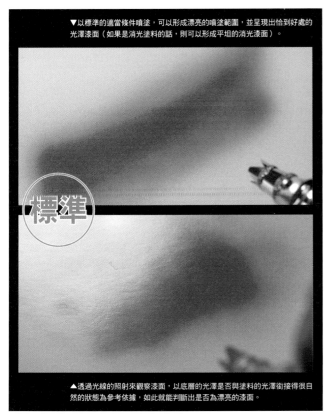

▼以標準的適當條件噴塗，可以形成漂亮的噴塗範圍，並呈現出恰到好處的光澤漆面（如果是消光塗料的話，則可以形成平坦的消光漆面）。

標準

▲透過光線的照射來觀察漆面，以底層的光澤是否與塗料的光澤銜接得很自然的狀態為參考依據，如此就能判斷出是否為漂亮的漆面。

較遠↑

距離

↓較近

▼漆面與噴筆之間的距離過近的話，堆積在表面的塗料量就會變多，同時吹在漆面上的空氣壓力也會變強，導致塗料流向四周圍。▲距離較遠的話，霧化後的塗料不太能夠抵達漆面，導致幾乎無法加上顏色，外觀也會成為消光的狀態。

塗料要用什麼稀釋？

■噴筆有專用的稀釋液產品

■噴筆用的稀釋液有什麼不同之處？

　　市面上有販售為了將塗料稀釋成適合噴筆塗裝的濃度，根據塗料的性質各自專用的稀釋液、稀釋劑等產品。當然，水性塗料不能用琺瑯漆的稀釋劑溶解；而水性塗料如果加入過多的水稀釋的話，塗料也不能很好地附著上去。首先要充分掌握自己一般在塗裝時所使用的塗料是「什麼類型」的，再來選用這種塗料專用的稀釋液和稀釋劑。

　　本書都是以溶劑類壓克力樹脂塗料，即一般通稱的「硝基系塗料」作為範例。這裡僅介紹了一部分對硝基系塗料來說很方便的噴筆用稀釋液和稀釋劑。

　　此外，雖然每家廠商都在努力製造出儘量不含有害成分的產品，但這些產品都毫無疑問屬於有機溶劑，所以在使用時要多加注意。

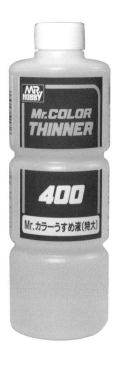

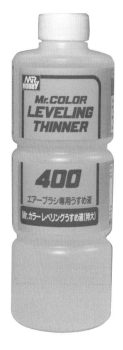

模型店內可以看到很多能夠稀釋塗料的產品，但是用噴筆塗裝的時候，請選擇噴筆專用的稀釋液。宣稱給噴筆專用的商品當中，有些含有少量的慢乾劑。這是為了讓使用噴筆塗裝時，塗料可以變得更加光滑而調整的成分。所以能夠更容易地完成漂亮的漆面。

當然使用一般的稀釋液也沒關係，但是如果想要完成光澤漆面，或是精細噴塗的時候，有添加慢乾劑的效果一定會非常明顯。

◀GSI Creos
Mr.COLOR THINNER（特大）
容量 400ml 800 日元（不含稅）

▶GSI Creos
Mr.COLOR FLAT BASE THINNER
（特大）
容量 400ml 900 日元（不含稅）
這個噴筆專用的稀釋液中沒有添加慢乾劑，而是透過溶解力的強度來減緩塗料的乾燥速度，調整成具有平滑性的漆面。

▼Gaianotes PRO USE THINNER
容量：250ml 700 日元（不含稅）
這是比一般的溶劑更強力的溶劑。強烈的成分可以確實地稀釋塗料，還能讓漆料更好地定著在塑膠表面等漆面。是一種能夠最大限度發揮塗料性能的稀釋液。

▶GSI Creos Mr.RAPID THINNER（特大）
容量：400ml 800 日元（不含稅）
比起普通的稀釋液，在噴塗時可以使塗料更快地乾燥。因此也推薦使用在需要金屬塗裝的場合。

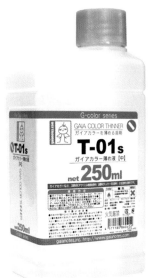

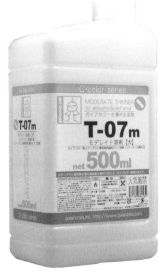

▲GAIANOTESGAIA COLOR THINNER（中）
容量：250ml 500 日元（不含稅）
除了 GAIA COLOR 之外，也可以使用在其他硝基漆的稀釋液。其他還有大、特大等不同的容量。

▲GAIANOTESBRUSH MASTER（大）
容量：500ml 900 日元（不含稅）
這是在 GAIA COLOR THINNER 中加入慢乾劑的產品。適合有光澤的塗裝，以及防止霧面的形成。

▲Gaianotes MODERATE THINNER（大）
容量：500ml 1000 日元（不含稅）
以 BRUSH MASTER 為基礎加入香料，在不更改成分的前提下達到減輕味道的稀釋液。

▲GAIANOTESMETALLIC MASTER（中）
容量：250ml 700 日元（不含稅）
可以在噴筆塗裝中發揮效果的金屬色及珍珠色專用稀釋劑。

請確認手邊是否有方便的道具？

■關於塗裝的便利道具和小知識等等

■這麼說來，要在哪裡試噴比較好呢？

其實最好是在塑膠板上先噴塗了底漆補土之後再拿來試噴，會比較萬無一失。但是這樣的做法既麻煩也需要花費成本。那究竟要在哪裡試噴比較好呢？如果是為了確認色調的試噴，那就需要在與零件相同顏色（如果使用了底漆補土的話，那就是灰色）的物件上試噴。但是如果只是要確認塗料的厚薄度和空氣壓力的話，比起素材

的顏色，表面的狀態更重要。也就是說，即使噴塗到表面消光的物件，或是塗料容易滲入的紙張上，也無法觀察清楚實際的狀態。因此要使用表面有微微光澤的面紙盒、或是塑膠款式的盒子、雜誌的封面或是月曆紙（材質是光澤紙的款式），這樣就能讓我們清楚看見塗料霧化的狀態。

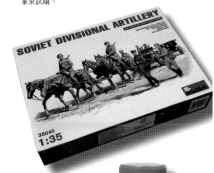

▲▼例如面紙盒、或是已製作完成的模型盒等等，這些都是具有光澤或半光澤的紙質，很適合拿來試噴。

■透明塗料因為是透明的，所以看不出來稀釋的狀態……!?

基本上即使是透明的塗料，道理也是一樣的。只是因為塗料中沒有加入用來發色的顏料，所以才會是透明無色的狀態。然而從外表看不出來也是事實，所以與有色塗料（含顏料的塗料）相比之下，稀釋的作業必須更加重視計量的感覺。如果是新開封的瓶子，直接用瓶子來定量計量即可，但塗裝後根據條件的不同，漆面的狀態也會產生變化，所以最後還是要用光線照射試噴過的漆面來進行確認會比較好。

■正想要噴塗時，卻發現塗料變得硬梆梆的……已經凝固的塗料也有復活的機會

雖說塗料是以「●倍稀釋」的方式來進行調合，但如果買來備用的塗料溶劑已經揮發掉的話，稀釋的條件就不會相同，所以需要特別注意。如果 Mr.COLOR 因為溶劑揮發變得黏稠時，那就使用 GSI Creos 的真・溶媒液來讓塗料復活吧！

 **黏稠的塗料** ➡ **完全復活**

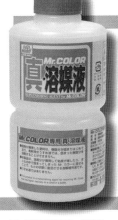

▲Mr.COLOR 專用真・溶媒液
容量：250ml 600 日元（不含稅）

■雖然只是一些小道具，但手邊有的話會很方便的塗裝輔助小道具

◀▲將稀釋液直接從瓶子裡倒至塗料瓶或是紙杯時，因為瓶口比較寬的關係，很難進行微調，萬一灑出來也不經濟，於是製造商考慮到這一點，可以另外選購專用的瓶蓋或滴管等等。使用前端尖細的 PP 瓶等也相當方便，適合用來微量調整。

▼為了不讓塗料從塗料瓶口垂流下來而製作的附屬零件。

▲如果有備用瓶的話，可以拿來稀釋塗料、或是預先調色等等，非常方便且有用。

學習手持件的清潔方法

■有什麼方法可以簡單完成手持件的清潔工作呢？

■請拋棄「手持件的清潔工作好麻煩」這樣的想法吧！

噴筆每次在更換顏色時不清潔的話，顏色就會混合在一起。如果覺得這個清潔工作很麻煩的話，就無法使用噴筆了。請將這樣的流程當作理所當然的日常生活來接受吧！

基本的清潔方法是以讓空氣產生逆流的「漱洗」來進行清潔，但是如果只是漫無目的地作業的話，無論漱洗幾次都很難使稀釋液變回透明。接下來就為各位依照順序解說儘可能減少漱洗次數，也能夠迅速去除塗料的清潔方法吧！

▲在杯內裝有塗料的狀態下，即使倒入稀釋液漱洗也沒什麼意義。

■減少漱洗次數也能變得乾淨的秘訣是……

清潔手持件最重要動作是事先儘量除去多餘的塗料，即使倒掉塗料杯內的塗料，手持件的噴嘴內部仍然殘留著塗料。在這種狀態下，無論怎麼使用稀釋液漱洗，塗料都只是被調合得更稀薄

而已，無法達到有效清潔的效果。

首先把噴嘴內殘留的塗料全部噴塗出來，再用毛巾將杯中附著的塗料擦拭乾淨，然後再開始漱洗。這麼一來，只要經過 3 次左右的漱洗，

稀釋液應該就會變成透明的狀態。先將剩下的塗料完全噴塗乾淨，然後開始進行清潔作業。

▲改變顏色或完成塗裝時，要先倒掉杯中的塗料。若將剩下的塗料從紙杯轉移到附帶蓋子的備用瓶裡的話，還可以再次使用，經濟節省。

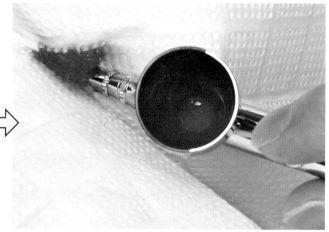

▲將手持件內殘留的塗料全部噴塗到紙巾，或是清洗用的空瓶內。

不可使用面紙！

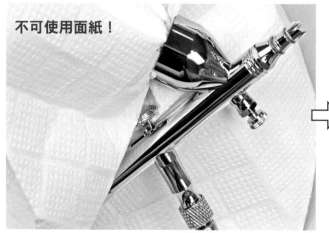

▲把塗料全部擦拭乾淨。如果使用面紙擦拭的話，會堆積細小的纖維和異物，成為故障的原因，所以請使用擦手紙巾或是抹布來擦拭。

▲看上去已經相當乾淨，但噴嘴內還留有塗料，從這裡開始要用稀釋液進行漱洗作業。

■從這裡才要開始進行漱洗作業

▲將稀釋液倒入 1/3 杯左右，進行第一次漱洗。注意漱洗的方法會因噴帽的形狀而有所不同。

▲持續漱洗 10 秒左右，可以看到稀釋液出現顏色，將弄髒的稀釋液倒掉。如能事先準備好瓶子會更方便作業。

▲將噴嘴內殘留的稀釋液全部噴出來，再用棉棒擦拭杯子的內側。如果塗料黏在裡面的話，可以拔下噴針擦拭，但要注意不要彎曲噴針。

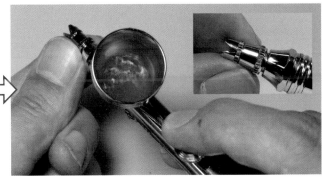

▲再次加入稀釋液，進行第 2 次漱洗。請注意，與上面的第 1 次相比，顏色變淡了很多。如照片中所示的皇冠型噴帽，只要轉鬆後就可以進行漱洗。

▲倒掉稀釋液，將餘量全部噴出後，再一點點地倒入少量的稀釋液，然後再全部噴掉。這樣幾次下來就看不到顏色了。▶一般來說，如果看不到顏色了，換成下一種要使用的顏色應該沒問題了。

最後再噴塗一次稀釋液！

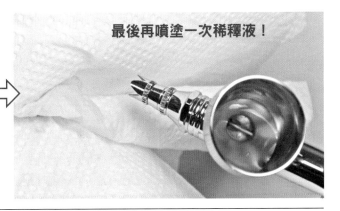

▲常被忘記的是塗料杯蓋子的內側。如果不把這裡弄乾淨的話，塗料混在一起會讓顏色發生微妙的變化，這點要注意，請用稀釋液擦拭乾淨吧！

有些顏色需要特別注意！

在噴塗金屬色之後，或是要噴塗白色、灰色之前，如果不先把噴筆裡面清潔乾淨的話，顏色就會混在一起，所以要注意！如果再重複兩次漱洗的話，應該就能成為幾乎都沒有塗料殘留的狀態了。

這些地方也需要清潔

■也請不要忘記清潔容易被忽略掉的部分

■噴嘴蓋和噴帽的污漬會阻礙正常的噴筆塗裝作業！

噴筆的噴嘴部分（噴嘴蓋的前端和噴帽的內側）會因為塗料噴霧的回彈而弄髒，一旦注意到有這種狀況時，請時常清潔。如果放置不管太久的話，塗料即使噴出也會混合到其他顏色，或是空氣噴出部位會被微妙地堵塞，使得塗料噴霧無法漂亮地飛出去。

▲如果在塗料完全乾燥之前，清潔的工作很簡單。只要將含浸了稀釋液的筆刷插入噴帽裡面活動一下就乾淨了。萬一乾燥凝固了，那就請拆開清潔吧！

▼如果要插入棉棒來清潔的話，一定要拔掉噴針，或讓噴針後退。或者也可以取下噴嘴蓋，分別清潔。噴針的前端很纖細，所以儘量不要碰觸這個部位。萬一折彎就糟了！

▲使用噴筆的過程中，噴嘴部分會像這樣被弄髒。放置不管的話，塗料會凝固，所以需要勤加清潔。

■在杯中裝有塗料的狀態下，絕對不要拔出噴針！

噴針式噴筆的噴針如果在塗料杯裡還裝有塗料的狀態下拔出的話，塗料就會漏出來，請注意！

噴針貫穿了整個噴筆本體的內部，塗料會進入本體內部的所有地方，特別是會進入到可動部位。如果滲漏到按鈕那側的話，會傷害到氣閥的密封環，而且塗料一旦凝固在裡面的話，會讓按鈕的動作變得生澀不順。如果是水性塗料的話可以馬上用水沖洗，但是如果有硝基漆類的塗料洩漏的話，需要儘快擦拭乾淨，再用含浸了稀釋液的棉棒等工具擦拭清潔。

◀在清潔作業中，請注意不要在塗料杯中還有塗料或稀釋液的狀態下不小心拔下噴針。

■洗淨清潔用完後的髒污稀釋液應該怎麼處理呢？

▲總之先存放在可以密封的容器裡吧！如果使用洗淨專用的清洗瓶會更好。

使用噴筆的過程中會產生大量的髒污稀釋液，但是絕對要避免將其直接沖入洗手台或是廁所馬桶。可以在清洗周邊器材時拿來再次利用，或是用舊報紙吸入廢液，放在室外揮發後，再丟入可燃垃圾（請注意依照各地方自治體的規定）比較好。

◀WAVE 公司 HG 噴筆支架＆清潔壺支架（750日元，不含稅）。也可以裝上保特瓶來當作清洗瓶使用的方便支架。

▲將拋光粉加入漱洗使用後的髒污稀釋液中，顏料就會被吸附／沉澱在拋光粉中。雖然不能變回完全透明，但如果是噴筆的清洗用途的話，還是可以拿來再次利用無妨。

培養使用後立刻保養的習慣

■塗料一旦凝固了的話，清潔維護就麻煩大了

■遇上頑強的髒污……這種時候能挽救局面的就是這個

▲如果浸泡在清洗液中，會損傷內部的橡膠製的密封環（O 形圈），所以不能這樣做。基本上請不要放任髒污惡化到必需浸泡否則無法去除的程度！

每塗完一種顏色都仔細清潔的話，是沒有問題的。但是一不小心放著不處理的話，塗料就會完全凝固，這時候使用一般的稀釋液會很難去除髒污。到了這種狀態，就要使用各家廠商都有在販售的較強溶解力的工具清洗液。

這些產品是比一般的塗裝用的稀釋液更強力的有機溶劑，所以使用時要充分注意換氣，並且儘量不要徒手直接接觸。

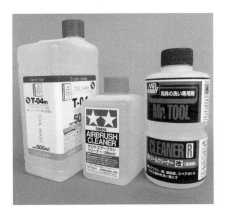

▶如果不小心誤將工具清洗液代替稀釋液使用的話，會使噴塗對象物的塑膠材質溶解，所以要特別注意。

■要怎麼樣進行清潔保養才好呢？

一般的模型用噴筆，只要每次塗裝後都有好好地漱洗和清潔，基本上不需要特別的維護工作。

當一天的塗裝作業結束後，請按照這裡介紹的清潔作業步驟確實做好清潔保養。

另外，最好還能每隔一段時間加上潤滑油來做好定期的維護。如果按鈕的動作不順利的話，會對操作和塗裝產生影響，所以請在按鈕零件下方的活塞部位（根據款式不同，有些產品並非一體式的構造，請確認說明書上的零件清單）塗抹少量的潤滑油。可以讓零件活動得更順暢，保持舒適的操作體驗。

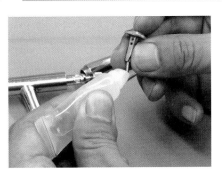

▲照片是按鈕和活塞為一體式的構造。要注意如果使用成分含有金屬顆粒的潤滑油產品，會加速零件的磨耗而導致受損。

Mr.AIRBRUSH MAINTENANCE SET
噴槍保養套裝

▲偶爾也會想要取下噴嘴來清洗內側。

▶GSI Creos 的「Mr. AIRBRUSH MAINTENANCE SET」噴槍保養套裝中除了清洗用筆刷、清潔布、不易損傷 O 形圈的潤滑油之外，還包含可以用來拆裝噴嘴的工具。根據 GSI Creos 的客服經驗，不小心將噴嘴鎖得太緊導致螺紋崩牙的問題很多。安裝噴嘴的時候，請輕輕轉動到感覺鎖緊了即可停手。

●「不小心把噴針折彎了」這種時候怎麼……

噴針的前端既細又脆弱。稍微碰撞一下就折彎了。彎曲的噴針先扳直後再研磨過一次，基本上塗料還是能噴得出來，但這只能說是應急處理。形狀為複合錐形角度的噴針性能已經無法完全恢復了。如果不小心折彎了的話，還是透過售後服務換新的比較保險。不然也有可能會造成噴嘴破損的原因。

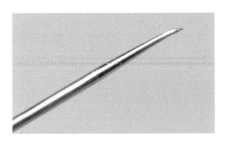

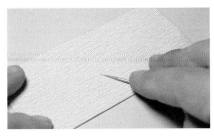

●請不要放任不管到這種地步！噴帽一旦變形會造成內側囤積塗料而難以處理

噴帽除了有保護纖細噴針頭的目的之外，也有控制塗料噴霧流動的作用。照片裡的手持件因為曾經不慎摔落的關係，噴針雖然沒什麼問題，但是噴帽變形了。所以塗料一塗裝就會囤積在內側，不能很好地塗裝。明明馬上更換零件就可以解決，但因為長期放任不管的關係，這個款式的本體已經絕版了，真讓人感到頭疼。

控制塗料的光澤

■為什麼能夠控制漆面的光澤程度呢？

■塗料的光澤控制能夠改變模型給人的視覺感受

在塗裝模型的時候，經常會出現為了能夠更接近實物的氣氛，或是營造出巨大的規模感，或是想要呈現出質感的差異，諸如此類，希望能讓模型的外觀看起來更美觀、更理想，而會想要去控制光澤程度的情形。噴筆塗裝只要熟練使用的話，就可以自由地控制光澤程度。但是我們先要去思考的是「光澤到底是什麼？」。

在漆面的表面平滑的狀態下，光線在碰到物體之後，幾乎不會形成漫反射，而是以與入射角相同的反射角進行反射。而當我們從某個角度觀看的時候，可以看到光源的光幾乎就那樣原封不動地反射過來，而這就是光澤的真面目。因此，為了能夠呈現出光澤，我們需要盡可能讓漆面的表面呈現平滑的狀態。

要讓漆面平滑的方法大致分為兩種。一種是在塗裝表面產生表面張力的方法。另一種是用研磨劑來將表面磨平的方法。後者因為不屬於噴筆塗裝的技法，所以這裡先略過不提。針對前者則要再進一步詳細解說一番。

一般而言液體的表面會產生張力，讓表面的面積成為最小的狀態，這點對於塗料來說也是一樣的。比起波浪起伏的狀態，外表處於平滑狀態的表面積比較小，這主要是因為液體在特性上具備以最低限度的能量來讓自己保持穩定的性質，所以會儘量讓自己的表面變得平滑。

那麼，為什麼使用噴筆噴塗的時候，塗料不一定能變得平滑並且呈現出光澤呢？那是因為塗料是否處於液體的狀態，會根據塗料的種類、稀釋的狀態、以及噴塗的狀態而發生變化。如果從遠處噴塗較濃的塗料，在塗料到達零件表面的時候，就會變成接近固體的狀態，導致表面無法變得光滑。反過來說，如果從近處噴塗較稀的塗料，那麼塗料就會堆積在零件上，發揮液體的作用，產生表面張力，使表面變得光滑、有光澤。

極端地說，堆積在零件上的塗料量愈多，愈能形成光澤。但另一方面，噴塗得太多的話，塗料就會堆積在凹部或是開始垂流。如果我們能將塗料均勻噴塗到不至於垂流的極限程度，應該就能呈現出漂亮的光澤才對。

這裡的問題是在於塗料的濃度。濃稠一點的塗料當然黏性較高，塗料不容易垂流，但是如果沒有大口徑的噴筆和壓力高的空壓機的話，就不能很好地噴塗，塗膜也會變厚。溶劑類的塗料是藉由溶劑成分的揮發來形成塗膜。如果塗厚了的話，內部的溶劑成分就很難揮發，有可能會引起漆面的成形不良。因此一般來說，一邊活用稀釋過後的塗料表面張力，一邊分成幾次噴塗，這樣會比較能夠噴塗出漂亮的漆面。

接下來要說明的是消光狀態。簡單說來消光狀態指的就是漆面表面凹凸不平的狀態。凹凸不平的表面會讓光線形成漫反射，這麼一來光源看起來就會變得模糊不清，結果就是外觀看起來會失去光澤。

用塗裝來表現消光有兩種方法。一種是加入消光劑的方法，消光劑裡面加入了幾對顏色沒有影響的小顆粒，強制讓塗裝表面產生凹凸不平。另一種方法是像前面所說的那樣，使用噴筆進行噴塗的時候，透過噴筆距離和漆料濃度的搭配（以較濃／較遠的條件噴塗），來讓表面變得凹凸不平。

如果習慣使用噴筆的話，就算是使用同樣有光澤的塗料，根據噴塗方法的不同，也能噴出各種不同的光澤狀態。既然這樣的話就太好了。如果能在一個模型中塗上微妙的光澤差異效果，相信完成後的作品外觀一定會提升不少等級。

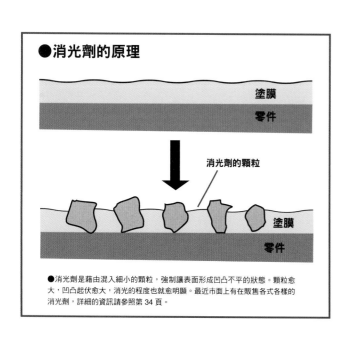

●消光劑的原理

塗膜

零件

↓

消光劑的顆粒

塗膜

零件

●消光劑是藉由混入細小的顆粒，強制讓表面形成凹凸不平的狀態。顆粒愈大，凹凸起伏愈大，消光的程度也就愈明顯。最近市面上有在販售各式各樣的消光劑，詳細的資訊請參照第 34 頁。

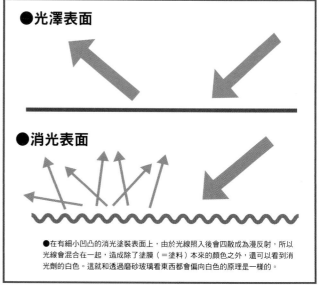

●光澤表面

●消光表面

●在有細小凹凸的消光塗裝表面上，由於光線照入後會四散成為漫反射，所以光線會混合在一起，造成除了塗膜（＝塗料）本來的顏色之外，還可以看到消光劑的白色。這就和透過磨砂玻璃看東西都會偏向白色的原理是一樣的。

■即使是同一種塗料，透過噴塗方法的不同也能控制光澤的程度

■透過空氣壓力和塗料濃度的搭配，就能噴塗出不同的光澤狀態嗎？

想要呈現出光澤

讓塗料稀薄一點
降低空氣壓力
從較近處噴出「表面張力」

如果想要呈現出光澤的話，可以讓塗料在漆面上先成為液體狀，然後再讓其乾燥。只要將塗料調整得稀薄一些，漆面表面自然就會成為液體狀。接下來就是以不讓底層塗料溶化為前提，一邊以一定的速度移動噴筆，一邊注意保持表面張力產生的「光亮」狀態。總之就是一邊仔細觀察漆面，一邊進行作業。

■為了呈現光澤的準備……

要想呈現光澤的話，打底是關鍵

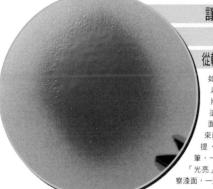

▲如果底漆本身就已經凹凸不平的話，即使噴上再怎麼有光澤的塗料，表面也不會變得平滑。所以要事先噴塗底漆補土，並將漆面磨至光滑。

使用圓型的物件練習吧！

▲使用較濃的塗料一口氣噴塗，雖然可以形成漂亮的光澤，但還是要避免一下子就進行正式噴塗，先試噴練習看看，找出最佳比例。

想要呈現出消光

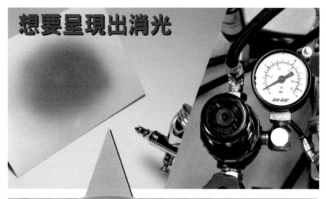

讓塗料濃稠一點
提高空氣壓力
從遠處一點一點地噴塗

想消除光澤時，可以將塗料稀釋成較濃稠的狀態。而較濃的塗料會變得很難從噴嘴裡噴塗出來，所以要要將氣壓調整得較高一點。無論將塗料調得多濃，如果讓塗料形成液體狀的話，就會形成光澤。所以要把噴筆拿在遠一點的地方，以「咻、咻、咻」的感覺，一點一點噴塗。當噴霧到達漆面上的時候，會呈現已經有點乾燥的感覺，這麼一來就可以讓光澤消失。

■為了消除光澤的準備……

想要呈現表面平滑的消光狀態

▲如果想要呈現出表面平滑厚實的消光狀態，可以先進行有光澤的塗裝，最後再用添加細顆粒消光劑的透明保護漆來完成消光效果修飾。

想要確實地消除光澤

▲GAIANOTES 的「PREMIUM MATTE POWDER」去光澤劑（有超微粒子、微粒子兩種類型，各 600 日元、不含稅），是可以不造成塗料被稀釋就能消除光澤的優秀產品。

控制塗料的光澤

■使用專用的添加劑來控制光澤

■看看硝基漆類塗料用的添加劑吧！

藉由將微小顆粒混入塗料中來達到消除光澤效果的產品即為光澤消除劑＝FLAT BASE 消光用添加劑。以往提到 Mr.COLOR 的 FLAT BASE 消光用添加劑，只有一種產品可以選擇，所以只能根據添加的比例來控制光澤。然而只要是同樣大小的顆粒，即使增減添加量，光澤的狀態也不會改變太多。因此，最近為了能夠更好地控制光澤度，開始有依照不同光澤程度，混合了各種大小顆粒的 FLAT BASE 消光用添加劑。

另一方面，用來呈現出光澤的慢乾劑，是為了延緩塗料的乾燥速度，延長乾燥時間，以防止漆面形成「霧面」為目的而添加的助劑。這樣的效果最終也能讓漆面呈現出光澤。不過放多了就會讓塗料無法乾燥，所以使用時需要注意。

▲Mr.COLOR 系列產品中，有顆粒大小不同的 3 種 FLAT BASE 消光用添加劑。

■消光劑和塗料的混合比例要如何設定呢？

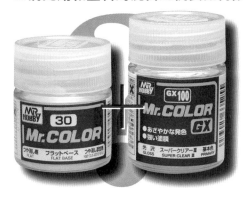

想要將塗料調製成消光狀態，基本的比例是塗料 2 對上 FLAT BASE 消光用添加劑 1 左右。雖然再多放一些消光劑也可以，但是如果放太多，乾燥後有可能表面會出現白色粉末，所以想要多放的話，請先做過實驗測試看看。如果要調製成所謂「半光澤」的狀態，那麼相對於塗料，要混合 5～10% 的 FLAT BASE 消光用添加劑。雖然添加量有所減少，但因為顆粒大小本身不會有改變的關係，所以要是放得太多的話就會變成普通的消光狀態，所以要注意。

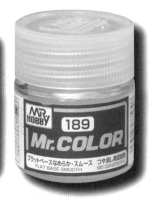

▶濕氣重的時候，塗裝漆面如果出現「變白」的狀態，那是因為塗料會把濕氣包在中間，並且在塗裝漆面上還沒來得及揮發之前，就讓塗料產生黏性的關係。雖然慢乾劑是可以在濕氣重的季節裡，當作表面霧化的對策助劑來使用。但是因為乾燥變得緩慢的關係，漆面會均勻地在表面展開，導致光澤度增加。

■實際試用上述三種消光劑，比較效果上的差異

ROUGH （粗糙）

▲顆粒最大，漆面會出現明顯的凹凸不平。這對於呈現戰車裝甲的防滑層和 F1 賽車的麂皮絨表現等都很方便。

FLAT BASE

▲從以前就有販售的「FLAT BASE」，顆粒大小為中等。可以呈現出一般的消光表面。

SMOOTH （平滑）

▲顆粒最為細小的就是這個型號。噴塗在有光澤的漆面上，可以呈現出漂亮的半光澤狀態。

聊聊噴筆與灰塵對策的二三事

■噴塗過程中發現漆面上有灰塵⋯⋯怎麼辦才好？

■在開始塗裝之前，首先要營造沒有灰塵的環境

馬上去除沾上的灰塵

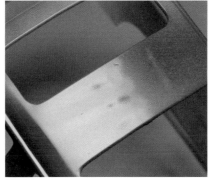

無法去除時，請在乾燥後進行

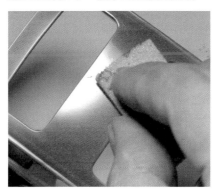

▲萬一沾上較大灰塵，請在塗料乾燥之前，用前端精度較高的鑷子夾除灰塵。

▲萬一塗料乾燥了，或者上面又噴塗一層塗料的話，請用相當於 1000～2000 號的砂紙來磨平表面。

使用噴筆塗裝的時候，難免會有不知何時漆面沾上灰塵的狀況，如果不去管它，繼續進行塗裝的話，就會將灰塵整個包覆在塗料裡，造成表面會有凹凸不平的地方。所以在塗裝時要仔細觀察漆面，一發現沾上灰塵，馬上要用鑷子等工具將其去除。如果不能馬上取下灰塵，或者是等到塗料乾燥之後才注意到灰塵的話，可以使用紋路較細緻的砂紙或是海綿打磨棒，不要施力，輕輕地研磨表面至均勻。要想防止灰塵附著，最有效的還是進行打掃，減少灰塵本身的發生量。在使用噴筆的時候，會讓周邊的灰塵飛揚起來，所以很困擾。另外，零件產生的靜電會吸引灰塵的狀況也不容忽視。如果能在塗裝前先用水清洗零件，並在冬天乾燥的室內稍微加濕的話，零件會比較不容易產生靜電，灰塵也很難附著。

總之，在塗裝前請用吸塵器將灰塵打掃乾淨

▲因為在組裝作業中會產生大量的切削碎屑，所以在塗裝前請先打掃過一次，等四處飛揚的灰塵平息後再開始作業。

不發塵的 KIMWIP 紙抹布

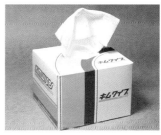

▲廉價的面紙會產生大量的纖維和紙粉，而工業用紙抹布「KIMWIP」則幾乎不會發出粉塵。

請將靜電消除吧！

▲除靜電刷是可以在不傷及模型的狀態下去除靜電和灰塵的便利道具。
照片是 GSI Creos 的「Mr.靜麗毛」。

用噴筆塗裝金屬色

■下面要介紹如何讓金屬色發色得更漂亮的訣竅

■噴塗金屬色的時候，要盡可能不讓顆粒產生湧動，使金屬粉均勻排列的感覺來進行

想要呈現出光滑漂亮的金屬色漆面，使用筆塗是很困難的，而這也是噴筆的獨到之處吧！然而，金屬色塗料在大多數的情形下，相較於普通的純色塗料（表現在色立體上的顏色。金色和螢光色不包含在其中）顏料的顆粒的大小比較大，而且為了能夠更好地重現金屬光澤，也有可能是薄片狀的外觀。在噴塗的時候，會因為溶劑的揮發而產生「湧動」，並在漆面上留下非常顯眼的「顆粒豎立」現象。想要將這種塗料噴塗得漂亮，需要一些訣竅。

至於訣竅是什麼？簡單來說，就是儘量均勻地、漂亮地排列顏料。也許大家會想說「顏料哪裡看得見啊？」，其實我們只要成顏料＝塗料的噴霧即可。只要不讓塗料堆積在同一個地方，或者不要讓漆面變成粗糙的狀態就可以。這和純色塗料的「以較稀薄的塗料來進行光澤塗裝」是一樣的作業。

此外，在金屬色塗裝的場合，有時會使用到看上去像是金屬材質的顏料，甚至是在塗料中加入金屬粉末。金屬本身和一般顏料的發色原理有所不同，嚴格來說不能稱為顏料。但在這裡為了避免資訊過多容易雜亂不清，統一將會發色的材料＝「顏料」來作說明。

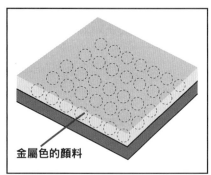

金屬色的顏料

◀▲為了得出有光澤的漂亮金屬色漆面，要注意儘量使表面平滑，並且讓顏料整齊的排列。首先要把塗料調整得較稀薄，使表面保持平滑，一旦漆面變成消光狀態的時候，就沒辦法呈現出漂亮的光澤了。另外，如果底漆是消光狀態的話，那麼在上層不管怎麼漂亮地重複噴塗金屬色也不會呈現出漂亮的光澤，所以要儘量讓底漆平滑。對於金屬色來說，即使只有打磨痕跡等小傷痕也會非常顯眼。所以在金屬色塗裝的底層處理上，建議使用砂紙和海綿打磨棒來加水研磨，預先處理到 2000 號左右的細緻程度。

▲如果在同一個地方噴塗過久，下面的顏料會產生對流，使得顏料顆粒變得不均勻（這個現象統稱為「湧動」），所以需要注意。

▲噴塗時要將塗料調得較稀薄（塗料 1：稀釋液 2 左右），一邊藉由光線的反射來確認表面狀態，同時一邊等待乾燥，一邊重複薄噴，使漆面變得均勻。

■實測 METALLIC MASTER 的性能

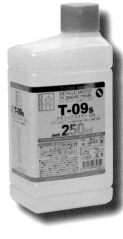

▲這是 Gaianotes 生產的金屬色專用稀釋液「METALLIC MASTER」。我們用 Star Bright Silver 這個塗料來進行測試，使用 METALLIC MASTER 稀釋的漆面（照片左）會比使用一般稀釋液的漆面（右）更能呈現出光澤感，而且亮度也更高。這是因為 METALLIC MASTER 稀釋劑的成分可以讓顏料分散得更好，以更均勻的狀態下讓顏料定著下來。

■所謂的金屬色，有 2 種不同類型

所謂的金屬色，有顏料本身就是金屬色的類型，也有在上層堆疊珠光塗料來反射出光輝的類型。如果想重現的效果不是金屬材質的底色，而是像在汽車外觀上可以看到的帶有亮粉感的金屬色的話，那麼只要將市售的珍珠顏料添加在透明保護漆裡，在底色的漆面增加一道塗膜即可，這樣就能呈現出閃閃發光的金屬色效果。

◀在銀色的漆面加上一層金色珠光漆＋透明保護漆混合後的塗層，就能呈現出素雅的色調，並且具有亮粉感的金屬色外觀。此外，搭配不同的底色，也會呈現出不同的風貌，十分有趣。

關於塗料發色的二三事

■為什麼漆面的色調會和塗料的顏色不同呢？

■是否曾有過噴塗之後，漆面的顏色完全不同的經驗呢？

大家是否曾經有過在瓶子裡調好顏色的塗料，噴塗到零件之後，卻變成完全不同的顏色的經驗呢？

這是因為塗料本身的透明度受到底色影響而引起的現象。模型用的所謂硝基類塗料，雖然在裝入瓶內的狀態下幾乎是不透明的，但是用噴筆噴塗成薄薄的塗膜之後，就會變得相當透明，可以看見底層的顏色。

我們可以想像水彩畫的情形，會比較容易理解。如同透明水彩顏料一樣透明的塗料，當底色是白色的時候，受到白色反射的光線穿透過來，會呈現出鮮豔的發色。相反的，如果底色是黑色的話，光線幾乎不會反射，同時底色的黑色還會穿透到上層，所以很難像塗料狀態下看到的顏色那樣發色。

因此，如果底色是白色的話，比較容易呈現出與瓶內塗料顏色相近的顏色。但問題是白色是

一種特別容易被穿透的顏色。白色和其他塗料相比，如果不塗上很多層的話，就不容易發色得好。而且，重複塗色需要耗費的工夫很長，而且反覆塗色次數愈多，使表面保持平滑的狀態也愈難。表面會逐漸出現凹凸不平的痕跡，漆面也容易出現髒污。如果要把所有的零件都先塗成白色的話，就會像這樣產生各式各樣不同的缺點。

因此，我想推薦一個技巧。那就是在想要塗得鮮豔的顏色部位，將底色以「白色加上少量想塗的顏色」來預作底層塗色的技巧。僅僅只是變得不再是純白色，就能大幅提升遮蓋力，讓底色

塗裝的重複次數只需一半以下就可以了。而且比起直接在底漆補土上噴塗鮮豔顏色的發色還要更好哦。

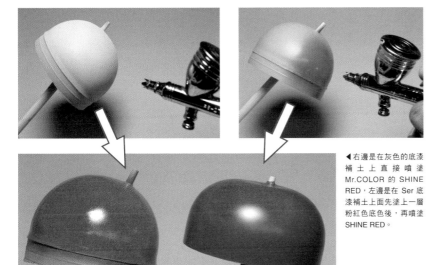

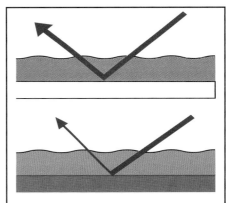

◀右邊是在灰色的底漆補土上直接噴塗 Mr.COLOR 的 SHINE RED，左邊是在 Ser 底漆補土上面先塗上一層粉紅色底色後，再噴塗 SHINE RED。

▲模型用的塗料，當底色偏黑色的話，光線的反射率會下降，造成外觀的彩度也會下降。反過來利用這個現象，將底色塗成白色，再把塗料噴薄一點，可以提高透光率，甚至有可能讓噴塗後的顏色，看起來比在瓶子裡的狀態還要明亮。順帶一提，金屬色一般來說顏料的顆粒比較大，所以遮蓋力比較高。即使是鮮豔的顏色，也不太會受到底色的影響，但是如果將底色調整成具有光澤的黑色底色的話，金屬顆粒變得更清楚，效果也會更好。

要了解有容易穿透的顏色和不容易穿透的顏色

容易穿透

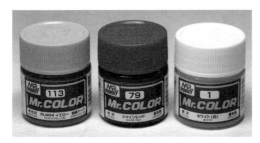

▲模型用塗料當中遮蓋力低、容易穿透的顏色代表有白色、紅色、黃色這3種顏色。特別是紅色的外觀變化很大，而且彩度一旦下降之後，看起來狀態會變差，所以要注意。

不容易穿透

▲綠色或灰色這類顏料含量多的塗料具有很高的遮蓋力。黑色看起來似乎都有很高的遮蓋力，但其實有光澤的黑色意外的遮蓋力很低，而消光的黑色則是遮蓋力很高。

塗料乍看之下好像只有色調不一樣，但其實各自使用了顆粒大小以及特性都不同的顏料，所以遮蓋力也有很大的差別。以 Mr.COLOR 系列來說，除了透明色之外，最容易穿透的是用來調色的色母原料，本身也是顏色最鮮豔的「PRIMARY COLOR PIGMENTS FOR Mr. COLOR」。

然而調色的次數愈多，遮蓋力會愈上升，但鮮豔度則會愈下降。所以經過調色後的純色塗料，基本上也是愈鮮豔的顏色，穿透力會愈好。

白色、純色的塗色方法

■讓白色看起來像「白色」，沒想到居然這麼難？

■怎麼樣才能把白色塗好呢？

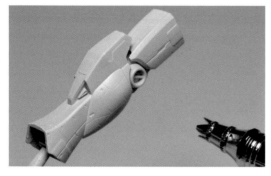

◀剛開始的時候就算和底漆補土的顏色幾乎沒什麼區別也 OK。如果想要一口氣噴塗成白色的話，容易造成塗料垂流下來。

▶每次輕輕噴塗後，都要稍待漆面乾燥，重複個 4～5 次之後的狀態。因為是以薄噴的方式重疊塗料，所以刻線不會被填埋，呈現出線條銳利的外觀。

雖然會穿透，但還是稀薄一些……

由於白色遮蓋力低，而且是穿透性很強的顏色，如果想要一口氣噴塗讓其發色的話，很容易會造成塗料垂流的現象。不過話說回來，塗料太濃稠的話，表面又會容易變得粗糙……「那到底怎麼辦才好？」大家可能會這麼想，這裡的正確答案是「慢慢重複噴塗吧」。剛開始的時候可能會擔心顏色呈現不出來，但只要確實地噴塗個幾次之後，就可以呈現出漂亮的漆面。

▼為了想讓白色立即發色，難免會想用較濃的塗料來噴塗。但這裡反過來希望各位以較稀薄的塗料（塗料 1：稀釋液 2 以上）來噴塗才好。因為需要反覆噴塗的次數較多，如果不用較稀薄的塗料，漂亮地重複噴塗的話，完成後的狀態很容易變得髒兮兮。

■為了要呈現出預期的顏色，照明也是很重要的因素！

說到顏色的基本原理，即為光線照射到物體後反射出來的光線所有波長混合在一起，就形成各種不同的顏色。當光源的種類改變的時候，就算是噴塗成相同顏色的零件，在觀看者眼中所感覺到的色調也會產生變化。左側照片是藍色調較強的螢光燈，右邊則是在白熾燈照明下看到的狀態。像這樣在塗裝空間的不同光線狀態下，看到的顏色會發生很大的變化。最好的光線還是陽光。太陽光是一種均勻地包含人眼所能感受到的光線全波長在內的光線，如果在陽光下能夠噴塗出看起來漂亮的顏色的話，那麼無論在什麼樣的光線環境下，基本上應該都會看起來漂亮。作業中不時在陽光下確認一下漆面的顏色會是一種比較理想的作法。

■要想讓顏色發色得均勻漂亮，就要從形狀的內側深處開始上色

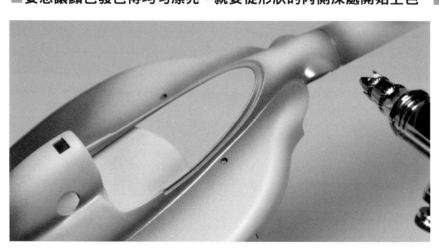

塑膠模型的零件一般都會有大小不同的凹凸和轉角形狀。但是人們經常會不知不覺地把注意力放在大面積的部分，畢竟只要整體都有噴塗到的話，就會很有成就感，所以很容易一下子就開始噴塗大面積的部分。但是，如果一次就想要讓整體呈現出均勻的發色，有可能會出現塗料無法到達形狀的深處，或是相反地因為噴塗過多，而使得塗料堆積在部分位置。因此要在形狀的內側深處，還有高低落差的邊角部分，又或者是條紋刻線的部分先輕輕噴塗上色。這麼做的話零件的精細造型就不會被埋沒在塗料形成的塗膜之中，也容易使零件整體均勻地發色。

在這個作業階段，如果發生了塗料的飛沫朝向周圍飛散的情形，請用拋光用砂紙等工具再重新修整表面吧！

Third chapter
I paint with airbrush

第三章

用噴筆進行塗裝作業

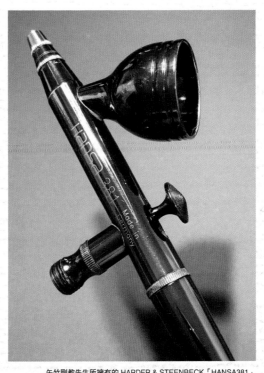

矢竹剛教先生所擁有的 HARDER & STEENBECK「HANSA381」

熟練使用噴筆的方法

■要怎麼樣才能做好噴筆塗裝呢？

■請先理解「角度」和「距離」吧！

既然已經能夠理解噴筆的構造和基本的使用方法之後，當然會想要馬上進入塗裝作業。但是請先不要著急，首先來理解自己所擁有的手持件特性吧！這裡要介紹的是和體育活動裡的揮棒練習一樣，是用來訓練噴筆塗裝基本技巧的方法。

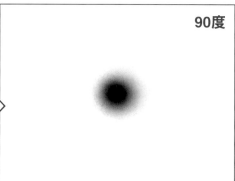

90度

噴塗的角度

◀在噴筆塗裝中，根據噴塗角度的不同，可以噴上顏色的範圍和形狀也會發生變化。例如左側照片所示，以 90 度角噴塗時，可以在較窄的範圍內噴塗出更深的顏色；而以 45 度角噴塗時，則可以在較寬廣的範圍內噴塗出較淺的顏色。首先要掌握自己所擁用的手持件的噴嘴和漆面之間的關係，在怎麼樣的角度下，可以在怎麼樣的範圍內上色。

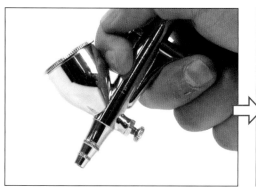
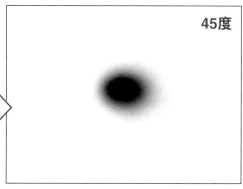

45度

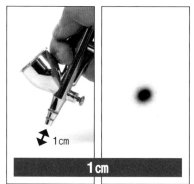

1cm

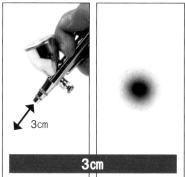

3cm

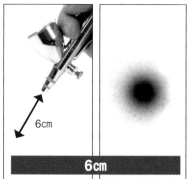

6cm

距離

◀透過改變噴嘴和漆面之間的距離，也可以讓塗裝的範圍和濃度產生變化。即使是相同的塗料噴塗量，愈接近對象物，愈能在狹窄的範圍內得到較濃的顏色；而距離愈遠的話，則可以噴塗出較寬廣的範圍而且顏色愈淡。

■在舊報紙上練習一下噴筆吧！

舊報紙是非常合適的練習素材。試著用噴筆配合大小標題，或者是有粗有細的文字來噴出一樣的面積吧！這樣可以有效地提高控制噴塗的技巧。不過因為報紙的吸收力太好了，塗料很容易滲進去擴散開來，所以沒辦法拿來作為塗裝完成狀態的參考。還是把報紙僅當作用來習慣操作噴筆的練習平台即可。

▲在某種程度上習慣了噴筆的操作之後，就可以改用多餘的塑膠板來練習了。試著用噴筆跟著塑膠板上的刻度來描繪，也是很好的練習。

■使用 ANEST IWATA「Lesson Text」練習吧！

▲這是畫點的練習。試著保持一定的噴塗量，然後靠近、遠離看看。要有意識地讓點畫在自己瞄準的地方，而且要盡量連續畫出同樣大小的點。

▲習慣了畫點之後，接下來試著就這樣橫向移動，便可以拉出線條。根據對象物和噴嘴的距離來調節線條的粗細。如果在停止移動之後才停止噴塗的話，線條的尾端會變得比較粗，所以要抓好時機。

▲首先要讓空氣穩定噴出，然後輕快地將按鈕向後拉，試著噴出適量的塗料。為了不讓起點和終點留下較濃的噴點，在收尾時要以愈收愈細（薄薄地）的感覺來結束線條。

▲將手持件拿遠一點噴塗，就會噴出較粗且較淡的線條，請試著把四個角落都塗得均勻一些。如果在其中一側多重疊噴塗一些的話，就能抓住漸層塗裝的感覺。

▲與練習四角形的時候一樣，如果噴筆太靠近的話，即使想要用細線塗滿整個圖案，也會無法噴塗得均勻。請塗薄一點，分成幾次塗滿圖案吧！如果還能加上漸層效果，呈現出立體感會更好。

▼概觀整個完成練習的塗裝圖案就是像這樣的感覺。兩種圖案並排當中，左側是噴塗地不均勻，或是噴筆的運行不夠順暢等失敗的例子。請試著將下一頁刊登的圖案複印下來，耐心地練習如何運筆吧！

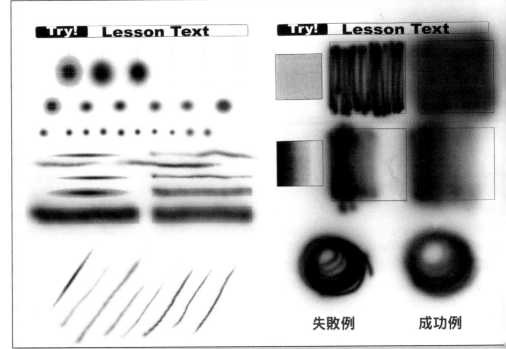

失敗例　　　成功例

練習用的圖案
收錄在下一頁！
請複印後使用吧！

Try! Lesson Text

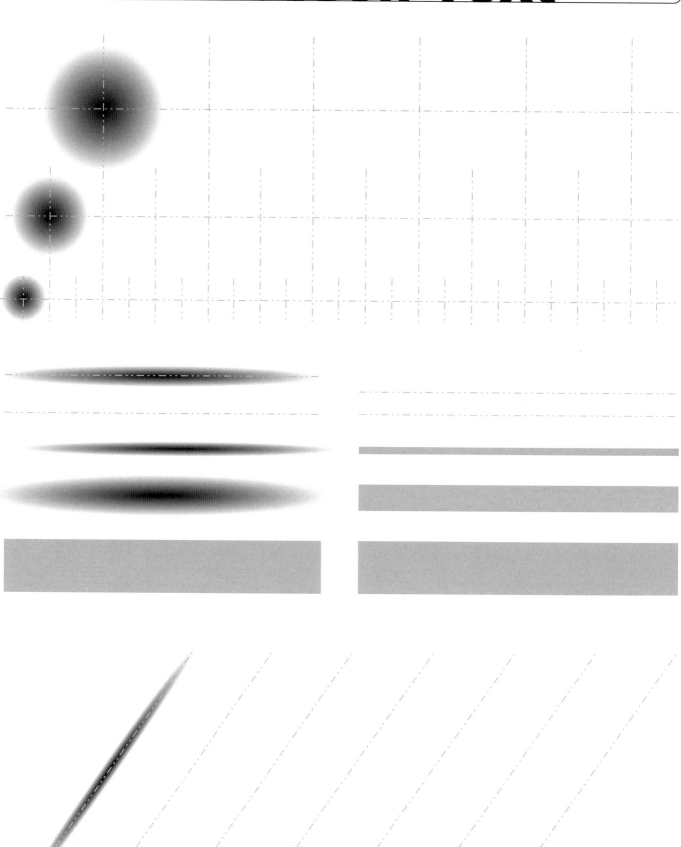

噴筆大攻略

使用 EASY PAINTER 進行塗裝

■噴塗已經調好的塗料，使用起來也很方便

■使用起來的感覺像是介於噴筆和噴漆罐之間

「想要從噴漆罐再向上更進一步」、「想要更輕鬆的噴筆塗裝方式」，推薦給有這種想法的人的是這款 GAIANOTES 的 EASY PAINTER。這是在空氣罐上安裝了專用噴塗口的設計，是一種極為簡單就能進行噴漆塗裝的產品。與除了手持件以外，還需要準備空壓機和軟管等的噴筆系統相較之下，無論是在價格上還是所需要的空間上都能節省很多。

雖然噴塗出來的塗料顆粒不像噴筆那樣細緻，但是與噴漆罐相較之下，可以進行相當精密的塗裝。除了可以應用於使用遮蓋膠帶保護後的分區塗裝，根據條件的不同，甚至還可以進行部分塗裝和漸層塗裝。

而且不管怎麼說，本產品最大的優點是可以直接使用市售的瓶裝模型塗料。硝基塗料自不必說，就連壓克力塗料、琺瑯塗料，甚至是聚氨酯塗料等等各種模型用塗料都可以對應，完全適用於各種塗裝的需求。

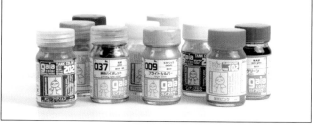

▲瓶裝的模型塗料，從基本顏色到專用顏色都齊全，顏色非常豐富。這種可以直接使用瓶裝塗料的 EASY PAINTER，特色就是不但使用起來簡單，又比噴漆罐的自由度高。

EP-01 EASY PAINTER
不含稅（1500 日元）現正發售中
●GAIANOTES○洽詢窗口：GAIANOTES

EP-02 備用氣瓶 不含稅（1600 日元）現正發售中
EP-3 EASY PAINTER 備用漆料瓶 不含稅（500 日元）現正發售中

▶這次為我們示範 EASY PAINTER 使用方法的是本產品的販售廠商 Gaianotes 公司所屬的矢澤乃慶先生。負責工作從業務推廣、活動解說員、到塗裝作業的現場示範，活躍於各式各樣的場合當中。

■如果是遮蓋塗裝的話，有這個就足夠了！

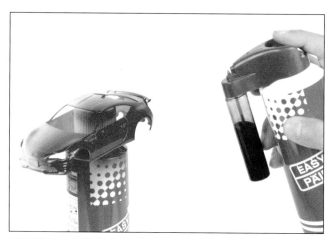

▲EASY PAINTER 雖然可以輕鬆地享受使用模型塗料的塗裝樂趣，但塗裝的完成度想必……其實也不差耶！由於不能調整塗料和空氣的流量，所以不擅長細噴作業，但如果是大面積塗裝的話，使用 EASY PAINTER 可以更有效率地進行塗裝作業。操作起來的感覺與 0.5mm 直徑噴嘴的噴筆相近。

▲即使是要求精密塗膜的汽車模型，使用 EASY PAINTER 也可以呈現出如上圖的效果。因為可以使用經過調色的塗料，所以不會對於顏色豐富程度感到任何不便。另外，除了透明保護漆不在話下之外，也能使用可以操作光澤程度的添加劑，所以在各種類的模型塗料中都能夠大顯身手。

EASY PAINTER 的使用方法

■塗料與稀釋液為 1:1

◀▲將塗料放入紙杯或調色盤中,用稀釋液稀釋。調合比例基本上是塗料 1 對比稀釋液 1。稀釋後將塗料倒至附屬的計量杯上。

■將塗料倒進塗料瓶中

◀將塗料從附屬的計量杯的澆注口,倒進附屬的塗料瓶裡。塗料請不要超過塗料瓶的七分滿。

■將塗料瓶安裝在本體上

◀將裝有塗料的塗料瓶安裝到本體上。塗料瓶的安裝方式是螺旋轉緊,所以請確實旋轉到底,並確認有沒有鬆動。

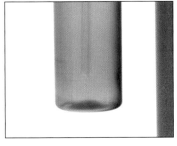

◀因為軟管沒有碰觸到塗料瓶底部,所以沒辦法將塗料完全使用完畢。但實際上這正是 EASY PAINTER 刻意設計的優點。當我們在使用金屬色塗料的時候,金屬細片會沉澱在底部。一般常常會有吸上來的塗料裡滿是金屬細片的問題,在此藉由這樣的軟管高度設計,可以防止問題的發生。

■按下按鈕即可開始塗裝

◀將裝有塗料的塗料瓶安裝完成後,只要按下上面的按鈕,就可以開始進行塗裝誕。如果噴塗時太靠近對象物的話,塗料有可能會垂流下來。所以對象物和噴出口的距離最好保持 15cm 左右,再以像是要切開對象物的動作,唰唰唰地進行塗裝。分成數次一點一點地塗裝,能讓空氣罐不容易變得太冷,也就可以不需要中斷作業,完成連續塗裝。塗裝結束後,取下塗料瓶清洗乾淨。

EASY PAINTER 的清潔方法

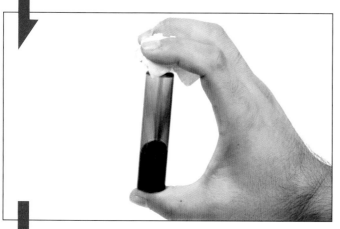

■首先清洗塗料瓶吧！

◀▲將塗料瓶從本體上取下，倒掉瓶內的塗料，然後再往空瓶裡注入稀釋液。這次使用的稀釋液是 GAIANOTES 的 MILD TOOL WASH。比起一般的工具清洗液，味道更為溫和，但仍然能夠強力去除塗料。

◀用面紙塞住裡面裝著稀釋液的塗料瓶口，上下搖動，清洗掉裡面的塗料。把髒了的稀釋液倒掉，再次注入新的稀釋液，將塗料瓶內側清洗乾淨。請重複這樣的步驟 2～3 次。

■在塗料瓶裡加入稀釋液，然後進行噴塗 ■

◀當瓶裡的稀釋液變得乾淨透明後，不要倒掉，先保存下來，然後用來擦拭從本體那側延伸出來的軟管上的塗料。如果塗料的吸入口和噴出口沾有塗料的話，也將那些地方擦拭乾淨。

◀最後將裝有乾淨稀釋液的塗料瓶安裝到本體上，將裡面乾淨的稀釋液噴到面紙上，清洗軟管的內側。最後將塗料瓶從本體上取下，清洗作業就完成了。

用 GUNDAM MARKER 噴筆系統進行塗裝

■說到操作的簡單程度，無人能出其右

■要想噴塗得好，需要一些訣竅

先得將塗料倒進調色皿中，然後再用稀釋液稀釋，接著將調整好的塗料倒入手持件的塗料杯中，接通空壓機的電源後才能開始塗裝作業。塗裝結束後，還有調色用的調色皿和手持件的整體清潔維護工作等著我們。雖然噴筆可以完成精密的塗裝作業，但另一方面，為了發揮真正的性能，需要花費我們很多準備工夫。無論是塗裝大面積還是一小部分，需要的準備工夫都沒有太大差別。

這裡介紹給各位的鋼彈麥克筆噴筆系統，可以直接使用市售多種顏色的鋼彈麥克筆，是可以讓我們從麻煩的保養維護工作中解放出來的超簡單塗裝系統。

雖然運用到熟練需要一些訣竅，但這套系統隱藏著不輸給噴筆的操作性和完成目標漆面效果的潛力。如果硬要說有什麼困難之處的話，只有難以漸層塗裝，以及無法塗出市售鋼彈麥克筆顏色以外的色彩這兩點。

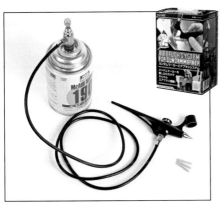

▲GUNDAM MARKER AIRBRUSH SYSTEM 鋼彈麥克筆噴筆系統
3400 日元（不含稅）
●GSI Creos ○洽詢窗口：GSI Creos

▲鋼彈麥克筆噴筆系統是使用「鋼彈麥克筆-塗裝用」來進行塗裝的塗裝系統。

說到鋼彈麥克筆，是一種忠實重現了各種鋼彈模型設定色的筆型酒精類塗料，除了有單獨發售各種基本色以外，也有將「吉翁軍 6 色套裝」、「鋼彈 SEED 基本 6 色套裝」等相關顏色組合成套裝銷售的產品。

鋼彈麥克筆噴筆專用替換筆芯（6 根裝）
250 日元（不含稅）
如果幫每支麥克筆都準備好替換筆芯的話，塗裝起來會更方便作業。

▶為我們示範鋼彈麥克筆噴筆系統使用方法的是 GSI Creos 的佐藤周太先生。

■蔽遮蓋力良好!!

▶對於平時慣用硝基類塗料和壓克力類塗料的模型製作者來說，可能一下子無法理解什麼是酒精類塗料。右邊的照片是將 HGUC 1/144 RX-78 鋼彈，使用「吉翁軍 6 色套裝」中的夏亞粉紅、夏亞紅、吉翁灰，以卡斯巴爾專用機為印象的顏色更改塗裝。可以看得出底色被覆蓋得很好，以塗料來說遮蓋力相當優秀。

©創通・サンライズ

■首先要更換筆尖

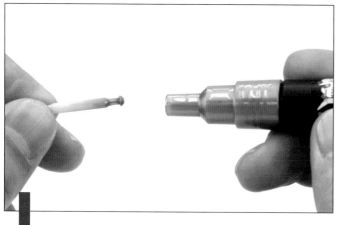

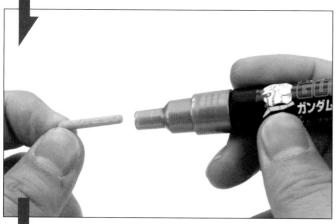

◀取下想要用來塗裝的麥克筆蓋子，然後拔出筆芯。當然，即使不更換筆芯也可以進行塗裝，但是更換成專用替換筆芯後，可以在霧化更穩定的狀態下進行塗裝。

◀將替換筆芯插入原來筆芯相同的地方。插入時請注意替換筆芯的方向，較細的一側為前端，並將筆芯插入深處。

■讓塗料滲入到筆尖上

◀裝上替換筆芯後，將筆芯按壓在塗料皿等物品上，使麥克筆內部的塗料滲入到筆尖上。請反覆按壓，直至整個筆芯全部變成塗料的顏色為止。

■將麥克筆安裝到手持件上

◀當塗料充分滲入替換筆芯後，將麥克筆的照片這個部分確實安裝至手持件的筒狀部分。

使用方法

■調整麥克筆的位置

◀在這種狀態下雖然已經可以進行塗裝，但還是先在紙上調整一下塗料的飛散狀態吧！一點一點地移動麥克筆，同時改變筆尖和空氣噴出口的位置，一邊尋找塗料能夠霧化最細緻的噴塗位置。

◀如果沒有更換成專用替換筆芯的話，位置的調整會需要更加地小心。千萬不可以一下子就直接噴塗在塗裝對象上。

■由對象物的外側開始噴塗

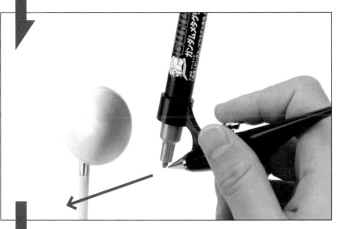

◀實際進行塗裝的時候，和使用噴漆罐時一樣，要從對象物的外側開始噴塗，然後一直噴塗到對象物的另一側來結束動作。一下子突然噴塗在對象物上的話，會有塗料凝結成塊的可能性。

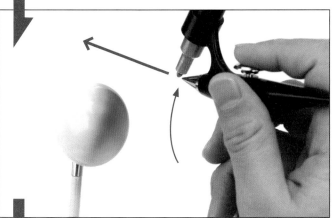

▲塗膜的完成度相當漂亮。金屬色也可以呈現出如照片所見的光澤度。

■熟練之後，也能夠噴塗出漂亮的塗膜

◀▲漆面的光澤度有時會出現斑駁狀態，但是完全乾燥之後就會變得均勻。塗裝結束後，只要將麥克筆從手持件上取下並蓋上蓋子即可。完全不需要清洗維護保養。

學習專家的塗裝技法

■矢竹剛教的角色人物模型塗裝講座

■從組裝到完成，都由矢竹老師本人完全解說！

在此我們將請以精密塗裝而聞名的專業塗裝師矢竹老師，為我們示範他的原創作品《Mimicry》（擬態）從開始到完成為止的塗裝流程。協助矢竹老師呈現出其獨特的、無以類比的質感及表現手法的愛筆是「Hansa381」的初期型。自從購入後已持續使用了15年左右。與現行的款式不同，塗料杯與本體是融為一體的設計。

Hansa 381 schwarz

▲長年使用過後，裸露在外的黃銅材質原色相當漂亮。由德國 H&S 公司生產，在日本的代理商是 AIRTEX 公司。

矢竹剛教さん

▲1968 年出生，現居於大阪。自 2003 年開始以 ACCEL 名義進行活動。依委託為模型上彩塗裝為職業的專業塗裝師，同時也進行原型製作。每天都在執行個人或製造商委託的彩色塗裝或是原型製作案件。其他活動的部分，則是擔任模型雜誌的專欄作家，和以 ACCEL 名義參加的模型活動等等。

■「除了 Hansa 以外，我都完全不考慮使用。」

我之所以會選擇 Hansa 的手持件，是因為同時滿足「操縱杆朝向上方，而且是扳機式構造」的只有這個款式的手持件。從噴出空氣，到噴出塗料都只需要一個「拉」的動作即可，長時間使用也不易感到疲累，而且最重要的是方便控制。另外，只不過是更換了這支噴筆，順手的程度就讓我瞬間產生「我的塗裝功力進步了嗎？」的感覺，對我來說是極具衝擊性體驗，所以自從這個款式發售以來，我一直愛不釋手。除了這個結構設計和自己的塗裝習慣搭配得非常好之外，包含整體的質感在內也深得我心。與不同噴嘴口徑的 Hansa281 合計，我一共擁有 3 根這個款式的手持件。

我的本業是專業塗裝師，但有時也進行原型製作。只不過都是透過活動會場販售或是網購等方式銷售一些套件組合的程度而已。我所使用的商號（攤位名稱）是 ACCEL。本次示範中使用的角色人物模型「Mimicry」（擬態）是 ACCEL 的最新作品。外表看起來雖然是人類的女性，但因為角色的設定是「生物經過擬態後，變成了這個形狀」，所以也有一部分帶有奇形詭異的造型表現方式。因為是喜歡西洋 GK 套件和怪物、創造生物的我所製作的獨創造形作品，難免就會想要加入那樣的作品風格了。

（矢竹）

▶這是在活動中展示的 Mimicry。全高約 17cm。當然是由矢竹老師親自塗裝。除了 GK 販售活動之外，也有進行網路販售。詳細資訊請確認一下矢竹先生的網頁內容。
http://www.monkey-com.com/yatake/accel-hp/

■要準備的東西

▲這裡使用的是由我所製作的樹脂成形套件《Mimicry》（活動展場販售品 6500 日元）進行塗裝示範。

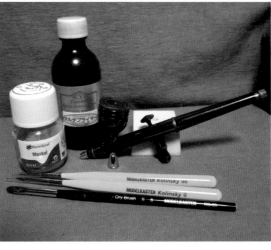

◀這些是我自己在作業時，沒有備齊時會感到很困擾的必需品。有Humbrol Maskol 遮蓋液、Finisher's Multi primer 多功能底漆、Hansa 381、顆粒效果噴帽、以及MODELKASTEN 的面相筆與 Dry Brush 乾刷筆 II。

事前準備工作

■ 從假組裝&打磨毛邊、一直到安裝支撐軸線

▲ 使用鋁線製作支撐軸線的話，因為比其他金屬材質來得軟的關係，所以組裝時出現稍有偏差的地方，也很容易修正。最好手邊常備幾種不同尺寸的鋁線。

◀ 將套件浸泡在 GAIANOTES 的 RESIN WASH 樹脂專用清洗劑後，再用清潔劑將脫模劑清洗乾淨。我的標準作業步驟是用 2mm 的鋁線來安裝支撐軸線（根據零件的大小不同，偶爾也會同時使用到 1mm 及 0.5mm 的黃銅線，但盡可能還是使用 2mm 的鋁線）。表面打磨、去毛邊是先從#320 砂紙開始，然後再使用到#400，最後是用海綿研磨劑的超細緻來做收尾。試著組裝起來，想像一下完成後的狀態，並考慮配色。

■ 噴塗作業前的準備

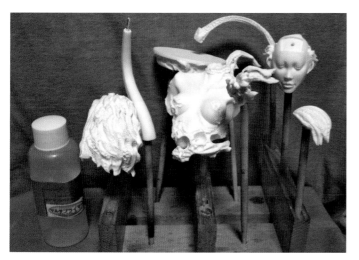

◀ 將手持棒牢牢固定在各個零件上，並且在較小的零件上安裝 0.5mm 或 1mm 的支撐線時，則用牙籤來當作手持棒。噴上 Multi primer 多功能底漆之後，考慮到以後的作業方便，先噴塗光澤透明保護劑。

■ 描繪底層的紋路模樣

◀ 即使是刺青和 TATOO 等皮膚上的圖案也一樣，在噴塗膚色之前要先將底圖描繪出來。理由是在於噴塗完肌膚色後，如果還要一邊猶豫才能一邊描繪的話，有可能會弄髒好不容易才完成的漆面。在這個階段就要決定好整個設計，完成至後面只需要整理線條就可以的程度。

「寫實擬真」的肌膚塗裝方法

■紋路模樣的剝除、修正

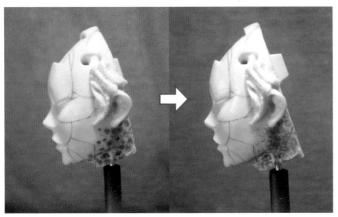

▲在畫有斑紋的地方，保留下稜線，將塗料剝除下來。藉由這個步驟，可以讓皮膚上的斑點更自然地呈現在表面。

◀紋路模樣的設計和描線不太可能一次就能決定，常會需要重做多次。因此為了不麻煩，就預先用光澤透明保護漆來做好底層的處理。描線的部分是使用琺瑯塗料，細微部分的調整則是使用琺瑯稀釋劑，以剝除底圖的方式來整理形狀。

■眼球和口部的塗裝

◀從正面看本作品的話，角色的臉上是眼簾低垂、緊閉口部的表情，但背面則有眼球和口部張開的雕塑造形。由於我自己是秉持著「從形狀的深處開始塗裝」，所以在塗裝肌膚之前，先要噴塗位於深處的眼睛和口內。對於角色人物模型的塗裝方法來說，我覺得自己的方法算是比較不正規的方法，但我已經這麼做15年以上了，我認為這是最適合自己的方法，還請各位見諒。順便說一下，不管是什麼樣的角色人物模型，我都一樣會先完成這個作業步驟。

■肌膚塗裝 1・基本色

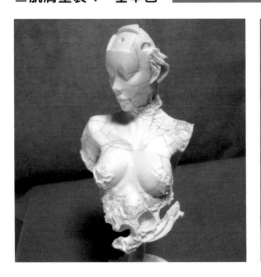

◀所謂的「無底漆塗裝法」，顧名思義是指「不使用底漆補土便進行塗裝」的意思，不過現在大多指的是為了活用樹脂材質本身的透明感而進行的塗裝方式。因此，如果塗裝時使用遮蓋力高的塗料，那就沒有意義了。

所以之後覆蓋在上面的塗料都是遮蓋較低的塗料。調色後再加入透明保護漆等混合，使顏色本身的色調更淡薄，再藉由重疊好幾層的方式，凸顯出立體深度。一開始要先將偏橙色的膚色塗料加入消光透明保護漆稀釋後，當作為基本色的塗料來噴塗上去。雖然使用粉紅色系的膚色塗料也可以，但是因為之後要使用的顏色中有很多是帶有紅色調，所以基本色還是使用含有黃色調的顏色會比較好。

此外，在無底漆塗裝法中，如果是膚色偏白的狀態的話，這個顏色將會是最亮的顏色。這裡使用的並不是凸顯高色調的塗裝法，而是藉由強調暗部，來使物體呈現出立體感的塗裝法。

顆粒效果專用噴帽的噴塗效果

■ 肌膚塗裝 2・不均勻的膚色①與靜脈

▲這是除了 Hansa 之外，其他 H&S 公司生產的噴筆也可用使用的配件，顆粒效果專用噴帽。只需安裝上去，就能噴塗出穩定的顆粒模樣。

◀使用顆粒效果噴帽來噴塗將 DARK EARTH 那樣的暗土色用透明保護漆調整稀薄後的顏色，然後在這個階段將顯現於皮膚的靜脈細節描繪出來。雖然靜脈的細節描繪無論在哪個階段都可以進行，但是過早的話，後面重複疊色上去就變得很難看得清楚；愈是留在後面描繪，看起來會愈明顯，不過要用淡色來做精密描繪是一件很困難的事情。

◀因為手邊沒有 Hansa，所以沒辦法噴塗出顆粒效果！像這種情形，如果你有一台高功率而且有附帶儲氣桶的空壓機，那就沒問題了。如果沒有的話，確實是沒有 Hansa 就無法完成的工程。

如果是可以將減壓調整器收斂調整至 0.01～0.02 的超低壓，而且還可以供應無脈衝的穩定空氣的空壓機，那麼在取下手持件噴嘴蓋的狀態下，就能夠自由地控制顆粒狀的噴塗效果（但是能夠滿足這個條件的空壓機，在我所知的範圍內就只有油式空壓機了）。

■ 肌膚塗裝 3・不均勻的膚色②

◀使用換裝為顆粒效果噴嘴帽的 Hansa，將茶紅色系的膚色塗料噴塗成類似陰影的感覺。這個時候陰影部分以以外的地方也會有塗料的顆粒飛散，這可以當作是外觀上的強弱對比，請不要在意，繼續進行後續的工程。至於塗料的濃度和飛散範圍等等要控制在何種程度以內？只能請大家累積經驗自行判斷了。另外，在這個階段可以加入更多的顏色，盡量不要讓外觀看起來過於均勻。對於人物模型來說，刻意形成的外觀顏色不均勻的狀態，會比我們想像中的還要更有視覺上的衝擊力，……請各位意識到這點好了。但是，在這個原則基礎上的塗裝效果，是會看起來高雅有質感？還是顯得骯髒雜亂？此時也只能靠累積經驗來掌握了。很遺憾，只有反覆地去「試錯&改進」，才能提升自己的技法功力。

■ 肌膚塗裝 3・不均勻的膚色③

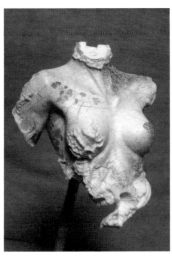

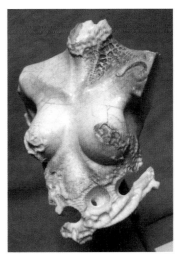

◀肌膚部分的最後強調重點是使用琺瑯塗料做出的模糊效果。將消光棕色、透明紅色、消光膚色等顏色混在一起的塗料隨意地噴塗上去，然後再用琺瑯稀釋劑一邊模糊處理漆面，一邊加上調子的感覺。不要噴塗得工整漂亮，而是要意識到刻意形成不均勻的狀態下，呈現出栩栩如生的人體感覺。

最後工程，馬上就要完成了！

■ 肌膚部分的保護

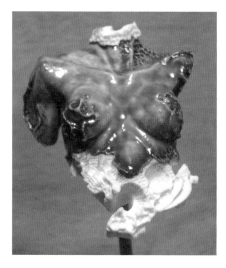

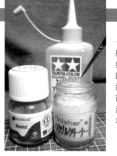

◀有很多公司都有販售天然橡膠系的遮蓋液，不過既要有良好的延展性，又要氣味少（據說會使用氨水作為溶劑），塗抹的地方有著色，方便辨認，而且顏色不會轉移到漆面上。還要容易入手的款式。那麼選項就只剩下 Humbrol 的「Maskol」遮蓋液了。

◀為了要在肌膚以外的部分塗裝，需要先使用遮蓋液來進行遮蓋保護。而且為了能夠更好的保護細節部分，塗布遮蓋液的時候要使用獸毛材質的優質筆刷。使用前先以 Finisher's 遮蓋液清洗劑保護好筆尖，使用完畢後再用琺瑯漆稀釋劑來清洗乾淨。如果徹底貫徹這個使用步驟的話，就算使用頻率較高，筆刷也可以耐用好幾個月不至於受損。

■ 底座塗裝（重現「鯖虎灰斑紋」的方法）

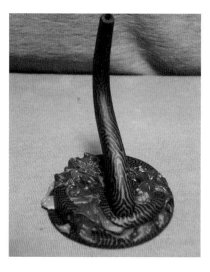

◀▲噴塗完底層的黑色之後，再用遮蓋液以「手繪迷宮」的感覺描繪出圖案（這是需要集中注意力幾個小時的苦行，遮蓋液不用稀釋，直接使用即可）。遮蓋液迷宮完成後，就只剩下噴塗灰色的作業了。噴塗完成後再將遮蓋液剝除，這麼一來，鯖虎灰斑紋就完成了。

矢竹式塗裝的必殺技「蛇紋塗裝」需要使用到絲綿

塗裝方法的細節請參考 http://yatalog.cocolog-nifty.com/yatalog/2013/02/post-4d66.html

▲▶雖然在這次的示範中沒有使用到這個技法，不過矢竹作品中常出現的大理石紋的表面塗裝。這是將絲綿撕開之後，先以硝基類透明保護漆處理過表面，然後披覆在塗裝對象物的零件上，再由上方進行噴塗來加以呈現。

■ 噴塗結束，接下來要做最後的配色變更

◀關於紫色部分的最後修飾，首先要製作出黑色和紫色的中間色，使用消光透明保護漆來稀釋，然後噴塗呈現出漂亮的漸層效果。比起只是單純的紫色漸層，如能加入黑色來當作襯托色，一邊讓顏色彼此很好的融合在一起，同時呈現出些許的變化會更佳。另外，在之後的工程中也可以用這個顏色來加上陰影，一種顏色滿足兩種用途。

◀使用噴筆的作業到這裡就結束了。之後要用筆塗的方式來描繪細節做最後修飾。但是，因為在進行作業的過程中感到紫色部分太多了，所以決定改變一下配色。雖然最後只是將基底的有機部分改成黑色，但是到決定出這個顏色之前，還是經歷了不少困難與波折。先是試著追加了紫色近似色的栗紅色，以及補色的黃綠色來看看，但是感覺沒有做出想要的效果。最後是決定將基底部分以暗色系整合起來，整體上給人一種收斂沉穩的印象。另外，這樣的調整可以構成「上→下＝明→暗」的結構，所以朝這個用色方向修正真是太好了！

MIMICRY
ORIGINAL IMAGE BUST MODEL
#10
BY ACCEL

Gaianotes 矢澤先生的 噴筆加強班

專業的噴筆塗裝技法到底有什麼樣的厲害之處呢？在這裡我們邀請到模型塗料的廠商「GAIANOTES」的宣傳部門兼業務窗口的矢津乃慶先生，使用自家產品的塗料來進行實際的塗裝示範。

所使用的道具有以下這些

Gaianotes
裝甲騎兵專用塗料系列

這次是以萬代公司發售的 1/20 眼鏡鬥犬來當作塗裝示範。這套裝甲騎兵專用塗料系列能夠忠實地重現 TV 系列的賽璐珞畫中的色彩。現在已經發行至第 10 彈！

Gaianotes
MODERATE THINNER 溶劑

因為這是在成分中添加了慢乾劑的稀釋劑，所以可以讓塗膜變得平滑。另外還添加了香料，同時溶劑的臭味也得到抑制。雖然因為調平效應會導致乾燥時間稍微有點長，但可以讓我們得到更加平整的漆面。

紙杯、調色棒
噴漆夾

多準備幾種不同大小的紙杯，使用起來會更加方便。噴漆夾的形狀、材質有很多種不同的產品，請搭配自己要塗裝的物件來選擇方便好用的噴漆夾吧。

雙面膠帶（強力型）

在塗裝的過程中，如果零件掉落下來，那可不是開玩笑的，實在不由得讓人感到神經緊張。要是有噴漆夾無法固定住的零件，那麼就用強力雙面膠帶來將零件與支撐棒之間好好地固定起來吧。

▼所有的零件都先依照 400 號、800 號的順序打磨過後，再將所有的刻線重新再刻過一次，然後將刮削下來的碎屑和灰塵預先清洗乾淨。考慮到塗裝的順序，如果先將零件依照要塗裝的顏色進行分類的話，作業起來會更加便利。

要進行塗裝的塑膠零件類

所使用的噴筆
矢澤特別組合款
（ANEST IWATA HP-CH）

◀矢澤先生愛用的噴筆是 ANEST IWATA 的「HP-CH」，搭配依順序安裝的以下配件：AIRTEX 的「AIR CONTROL ASSIST」氣流輔助控制器、ANEST IWATA 的「MINI GRIP FILTER」迷你濾水器、以及 AIRTEX 的「AIRTEX HAND GRIP FILTER」手持式過濾器。之所以要連續安裝兩段過濾器，是為了要能夠完全去除水分。除此之外的理由是因為加裝了一大堆配件，可以讓手握的部分加長，方便操作，而且這樣不是很帥氣嗎？

矢澤流塗裝法的精髓

對於噴筆塗裝來說，只要塗料的濃度、空氣的壓力、噴塗的距離等三項條件彼此搭配得當的話，一次就能噴塗出漂亮的塗膜。那麼接下來就為各位逐項解說吧。

1. 塗料的濃度要調得稍微濃稠一點

對於噴筆塗裝來說，使用的塗料濃度該如何調整，是每個人都很關心的話題。如果太稀薄，顏色會無法定著；如果太濃稠，甚至最糟的狀況有可能會噴出細絲狀的塗料。到底矢澤流噴塗技法的「稍微濃稠」指的是什麼呢？

2. 空氣的壓力要設定得高一些

大家都聽說過去配合塗裝的對象物來調節空氣壓力的條件，但意外地好像有很多人都是自己憑感覺來設定空氣壓力？這次要塗裝的對象物是機器人，矢澤先生的做法是「壓力要設定得高一些」。

3. 距離塗裝對象物要近一點噴塗

噴筆和要塗裝的零件之間的距離也是一個問題。如果本來就是要噴塗出顆粒狀效果的話，那麼距離遠一點也可以。但矢澤流塗裝法則是讓人不禁會想「啊？這麼近嗎？」的近距離一口氣完成噴塗作業。

---

1 雖說塗料的濃度要調得稍微濃稠一點，具體是怎麼樣的濃度呢？

各位在噴筆塗裝的時候，是否曾經有過「邊緣上不了顏色」「發色一直不理想」的困擾呢？原因很有可能出在為了避免塗膜過厚，而把塗料調合得過於稀薄了。為了要呈現出心中想要的顏色，一種方法是重複噴塗數次稀釋得較薄的塗料，另一種是將稀釋成適當濃度的塗料一次就完成噴塗。究竟哪種方法才算是充分發揮塗料本身的性能，並且能夠形成漂亮的塗膜呢？

◀比方說白色顏料、FLAT BASE 消光劑、金屬漆等的塗料顆粒很容易沈澱到瓶子底部。請務必要充分攪拌，使其保持均勻的狀態。

◀GAIA-COLOR 系列產品的主要特殊色塗料瓶所使用的瓶蓋顏色會刻意調整成與塗料相同的顏色，所以要仔細地將塗料攪拌到呈現出與瓶蓋相同的顏色為止。

◀這次我們要直接使用瓶中的塗料，不再另外調色。為了方便解說如何進行濃度調整，所以要先將所有的塗料都先倒進紙杯裡。

◀請記住塗料裝在瓶裡時的高度，大約是位在產品貼紙上緣的高度。

◀稀釋比例為 1:1（稍微增加一些無妨）。將溶劑注入剛才倒空了的塗料瓶。因為我們調成只需噴塗一次即可完成的狀態，所以看起來會比一般的稀釋方法來得濃稠一些。

◀將溶劑注入到如照片這樣的高度，液位與產品貼紙的上緣切齊等於稀釋液比例為 1。而照片這裡的液位高度就是稍微增加的部分。

◀將附著在瓶子內側的塗料刮下來，再重新好好地攪拌一次。請注意不要漏掉沒有攪拌到的塗料。

◀將攪拌好的塗料輕輕地倒入紙杯。請小心不要潑灑出來。

◀接下來再一次充分攪拌均勻。將附著在調色棒上的塗料抹在紙杯的內側，觀察一下顏色是否已經充分攪拌完成。

◀雖然這樣的濃度比起一般 GAIA-COLOR 系列產品建議的稀釋比例還要更濃一些，不過我們就是要以這樣的狀態來進行噴塗。

2 雖說空氣的壓力要設定得高一些，到底要設定得多高呢？

當空氣壓力設定得高一些，比較容易均勻地噴出濃度較高的塗料，以及金屬漆這種顆粒較重的塗料，也才能夠一次就完成噴塗作業。此外，就算空壓機的空氣壓力設定得高一些，還是能透過噴筆的風量調節功能來降低空氣壓力，方便控制噴塗出來的漆面狀態。

◀將充分攪拌均勻的塗料倒入噴筆的塗料杯中。這裡也要注意不要潑灑出來了。

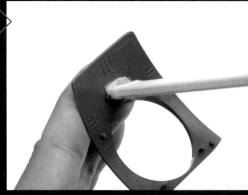

◀為了避免在塗裝過程中零件被氣流吹走，需要使用強力雙面膠確實固定好零件。

◀固定支撐棒時，請盡可能與零件保持直角。如果與零件形成傾斜角度的話，塗料有可能會因為受到重力的影響而垂流下來。

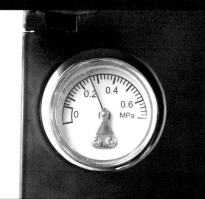

◀這次是將壓力設定為 0.25Mpa 左右來進行噴塗。一般常見的塗裝作業最多只會設定到 0.1Mpa 左右的壓力，不過我不管塗裝任何模型，大約都是設定在這個壓力。像汽車模型、飛機模型這類塗裝面積較大的物件，我是藉由增加溶劑的比例，推遲乾燥的速度來因應。

距離塗裝對象物
要保持多遠來進行噴塗呢？

請想像一下，噴筆的前端真的有一支畫筆。這麼一來應該很自然的就能感覺得出距離感了。對於較小的零件，我們不會在較遠的距離噴塗吧？噴筆與零件之間的距離，還有噴筆移動的速度，再加上塗料的濃度，這三者只要搭配得當，不管是尺寸多大的模型都能夠噴塗出良好的漆面。

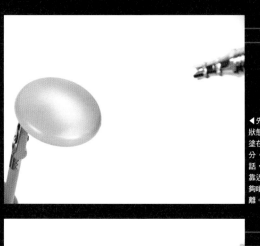

◀先試噴來確認漆面的狀態。首先要將塗料噴塗在邊緣或是外圍的部分。如果距離太遠的話，會出現顆粒感。請靠近對象物，調整到能夠噴出濕潤感漆面的距離。

◀完成外圍的噴塗作業後，接著一口氣將內側整個噴滿。一開始表面會有沒被噴塗到的部位，或是呈現波浪狀的部位，請透過光線的折射來確認有沒有出現這樣的情形。當漆面看起來光滑的那一瞬間，立刻停止噴塗，接下來依靠塗料本身具有向四周擴散趨向平滑的物理特性，自然就能形成光滑平整的漆面。

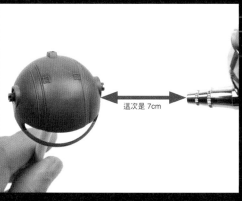

這次是 7cm

◀一開始先要單獨噴出空氣，將零件上沾附的灰塵及異物吹掉。然後與試噴的時候一樣，先從邊緣及外圍部位開始噴塗塗料。

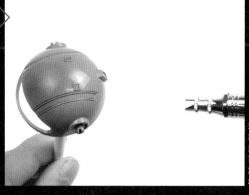

◀此時如果發現塗料在邊緣會被撥開的話，那就是塗料太稀薄了。反過來說，如果零件的表面一開始先出現顆粒的話，那就代表塗料太濃稠了。

◀確認塗料的濃度恰到好處時，接下來就一口氣噴滿整個零件。噴滿零件時可以再試著拉近噴筆的距離看看。一定有一個距離是最佳的噴塗距離。

◀只要成功找出自己覺得可以噴塗得漂亮的作業基準，那麼以後不管零件的尺寸大小或是種類的不同，相信都可以應付得過來才是。

噴筆需要進行漱洗嗎？還是不需要？

我自己在清洗的時候會往塗料杯裡注入溶劑，稍微拉退一點噴針，這樣溶劑就會因為重力而在噴筆內的塗裝流路流動，達到清洗的效果。雖然這樣就可以清洗流路的部分，但建議大家還是可以搭配漱洗好好進行清洗，以免在下次塗裝時產生影響。

即使噴上透明保護漆也不要緊

經常有人問我是不是在噴塗金屬漆之後，還可以再噴塗透明保護漆呢？作為判斷的標準來說，「在放置不動的塗料瓶中，會形成上清液和金屬顆粒上下分離的塗料，經過塗裝後的漆面也會有顆粒下沈，表面出現上清液的現象」，所以像這種塗料是可以再塗塗一層透明保護漆的。但是要嚴禁突然就噴塗厚厚一層透明保護漆。

◀這是攪拌前的狀態。顏色看起來蠻黑的，請將底部的塗料也充分攪拌均勻。

◀經過攪拌之後，塗料的顏色變得幾乎和瓶蓋的顏色一樣了。各位可以看出顏色前後的變化有多大，由此可知充分攪拌的重要性了。

◀接下來要注入溶劑來進行稀釋。如果使用本公司販售的尖嘴瓶蓋的話，就能在不容易潑灑出來的狀態下，又可以方便注入適量的溶劑。

◀噴塗較小的零件時，會像照片一樣，將零件與噴筆的距離調整得靠近一些。

▲這是噴塗較大零件的情形。一開始先將顏色噴塗在邊緣部分，確認塗料的濃度、距離是否恰當。

▲邊緣完成後，接下來是依照刻線區、形狀彎曲部位的順序噴塗。

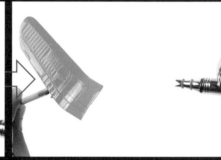

▲相較於先前的狀態，再拉近噴筆的距離，一口氣噴滿零件。當漆面出現濕潤感時就可以停止噴塗。

這些是完成噴塗後的零件。是否可以看出每個零件都能確實反射出照明的光線呢？左下方照片的重型機槍彈倉零件有使用消光透明保護漆處理過表面塗膜。消光透明保護漆在噴塗的時候也要和其他塗料一樣，確實地保持恰當的距離和濃度。

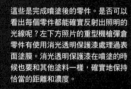

ATM-09-STTC SCOPEDOG TURBO CUSTOM [THE LAST RED SHOULDER Ver.]
1/20 Scale Model

1/20 《裝甲騎兵》眼鏡鬥犬 特裝機體
（最後的紅肩隊版）
BANDAI SPIRITS
塑膠射出成型組裝套件
PREMIUM BANDAI 販售
含稅價格 8640 日元
製作／矢澤乃慶（GAIANOTES）
©サンライズ

1/20 眼鏡鬥犬 特裝機體 塗裝示範完成了。

因為是噴「筆」的關係, 所以請試著以揮動畫筆的感覺操作吧

如同前面提到的，噴筆是一種「會噴出空氣的畫筆」，所以用揮動畫筆的動作來操作是一件很自然的事情。塗裝較大零件的時候，就當作是在使用較大支的畫筆上色的感覺，自然就會拉開較遠的距離，並以較緩慢的移動速度來操作噴筆了。而要描繪較細的線條時，自然就會讓距離更靠近一些，並且慎重地移動噴筆。除此之外，濃度的調整也是一件很重要的事情。噴塗較大的面積，需要添加比平常更多的溶劑，讓霧化的塗料像是要包住整個零件般的感覺重複噴塗數次。而細節部位的作業如果塗料太稀薄的話會容易出現垂流；反過來如果稍微濃稠一些，漆面又會顯得過於乾燥，所以需要找出最恰當的塗料濃度。像這樣只要找出屬於自己的作業基準的話，就是能夠讓技法更上層樓的捷徑了。

Enjoy Your Airbrush Life!!!

插畫 東京モノノケ

Fourth chapter

2018 edition airbrush catalogs

第四章

噴筆型錄

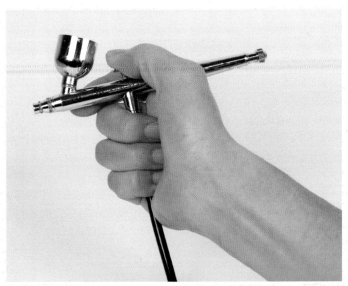

金子辰也先生所擁有的田宮「SPRAY-WORK HG AIRBRUSH III」

噴筆相關器具型錄

手持件（噴筆）

本型錄所介紹的產品是市面上銷售的設計給模型用、興趣用的一部分產品。性能與價格可能有所改變，請與各製造廠商確認。
此外，關於庫存數量的部分則請向販售店洽詢。
型錄的資料皆為2018年上半年當時的資訊。價格皆為日常未稅訂價。

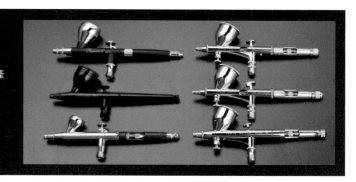

Mr. AIRBRUSH CUSTOM GRADE 0.18

GSI Creos

PS770

・雙動式
・噴嘴口徑：0.18mm
・塗料杯容量：10cc
・30,000 日元（不含稅）

這是注重品質的 GSI Creos 公司的最高級旗艦型號。本體採用了耐溶劑性優秀的沙丁霧面鎳鉻鍍層處理。有在本體就可以調節空氣量的空氣調節系統、附刻度，使於確認位置的噴針尾塞、塗料杯上有防止垂流的凹槽等等，隨處可見講究設計的純正日本國產品。

Mr. PROCONBOY FWA PLATINUM 0.2 DOUBLE ACTION

GSI Creos

PS270

・雙動式
・噴嘴口徑：0.2mm
・塗料杯容量：10cc
・13,300 日元（不含稅）

適合精密的塗裝。PLATINUM 系列的 3 大搭載功能是可以在本體調節空氣量的空氣調節系統、調整空氣流動，使空氣從低壓狀態到高壓狀態都能穩定噴塗的空氣增量構造、以及按下按鈕時可以促進塗料的噴出，使剛開始噴塗的塗料能夠穩定的 semi-easy soft button。

Mr. PROCONBOY LWA DOUBLE ACTION

GSI Creos

PS266

・雙動式
・噴嘴口徑：0.5mm
・塗料杯容量：15cc
・12,000 日元（不含稅）

因為口徑較大，所以不適合精密的塗裝。但是適合於噴塗金屬色塗料或是底漆補土（如用小口徑噴塗金屬色塗料的話，視廠牌而定，有時候塗料的顆粒會造成堵塞）。如果經費充足的話，可以把這種款式的手持件拿來當作底漆補土專用機使用。塗料杯容量很大，而且是直接固定式的設計，所以很容易清洗。

Mr. PROCONBOY WA DOUBLE ACTION 0.3mm

GSI Creos

PS274

・雙動式
・噴嘴口徑：0.3mm
・塗料杯容量：10cc
・12,000 日元（不含稅）

這是 GSI Creos 發售的雙動式機種當中最標準的款式。噴筆的氣閘相對於本體呈現傾斜的角度，任何人都可以相對容易地牢牢掌握在手中。產品附贈了備用瓶，可以在需要塗料混色的時候多調製一些保存備用，避免「塗料用到一半不夠了！」等問題發生。

Mr. PROCONBOY FWA DOUBLE ACTION

GSI Creos

PS267

・雙動式
・噴嘴口徑：0.2mm
・塗料杯容量：10cc
・11,500 日元（不含稅）

這個手持件在模型塗裝用途上很好操作，設計也很成熟，如果不知道該買哪一種手持件的話，選擇這個就沒問題了。在小口徑款式中首次採用了 10cc 的塗料杯。非常適合用來呈現斑點迷彩和細微的漸層塗裝。如果會擔心 0.2mm 口徑不容易用得好的話，可以與 WA 和 LWA 比較看看，然後根據個人喜好來選擇。

Mr. PROCONBOY WA TRIGGER TYPE DOUBLE ACTION

GSI Creos

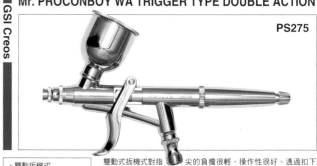

PS275

・雙動扳機式
・噴嘴口徑：0.3mm
・塗料杯容量：7cc
・14,000 日元（不含稅）

雙動式扳機式對指尖的負擔很輕，操作性很好。透過扣下扳機深淺，也能充分控制噴塗的抑揚頓挫。預設搭配的 7cc 塗料杯是可拆卸式的，根據需要可更換成另售的大容量塗料杯（15cc 含稅 5775 日元）。如果安裝了 DRAIN & DUST CATCHER 系列排水除塵過濾器，可以讓握把變長，操作性也會提高。

Mr. PROCONBOY WA PLATINUM 0.3 Ver.2 DOUBLE ACTION

GSI Creos

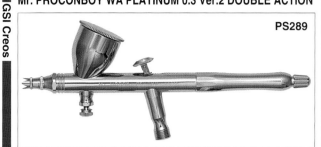

PS289

・雙動式
・噴嘴口徑：0.3mm
・塗料杯容量：10cc
・13,300 日元（不含稅）

這是在《月刊 Armour Modelling》中活躍的齋藤仁考所使用的款式。也是 Mr.PROCONBOY 系列的最高級規格。搭載空氣調節系統、semi-easy soft button、空氣增量構造，在同系列產品中是0.3mm 口徑的最強無敵款式。齋藤先生如是說：「穩定性極高，可以放心噴塗」。

Mr. PROCONBOY LWA TRIGGER TYPE DOUBLE ACTION

GSI Creos

PS290

・雙動扳機式
・噴嘴口徑：0.5mm
・塗料杯容量：15cc
・15,500 日元（不含稅）

對於手指負擔較小的扳機雙動式機種。附帶大容量塗料杯和 2 種不同的噴帽。一種是一般的圓噴用噴帽，另一種是能噴塗較廣範圍的橢圓形平噴用噴帽。大口徑、大容量、大範圍用噴帽，是非常適合使用在噴塗大面積時的款式。雖然搭載了空氣增量構造，但不支援 PETIT-COM 微型空壓機，請注意。

Mr. PROCONBOY SAe SINGLE ACTION

GSI Creos

PS265

・單動式
・噴嘴口徑：0.3mm
・塗料杯容量：7cc
・7,800 日元（不含稅）

意外的萬用款式，使用起來操作性很好，是一款價格實惠的手持件。只需按壓即可噴塗，可以減輕對手指的負擔。然而在進行迷彩和漸層塗裝的時候，每次都必須在本體上的撥盤進行噴霧調整的作業。以這樣的表現來看，果然還是雙動式的款式實際操作起來會比較輕鬆吧。

Mr. PROCONBOY SQ SINGLE ACTION

GSI Creos

PS268

・雙動式
・噴嘴口徑：0.4mm
・塗料杯容量：7cc
・6,800 日元（不含稅）

作為低價格的入門款來說，具備了充分的性能，而且沒有什麼難以操作的特徵，使用起來很方便。即使技術進步後已經可以熟練使用較高級的款式，也能作為底色塗裝用的第二支畫筆使用，是有機會可以成為長伴左右的良好款式。不過因為可以很舒服地噴塗，所以要注意不要不知不覺噴塗得太厚了！

Mr. PROCONBOY SQ 鋁質輕量款式

GSI Creos

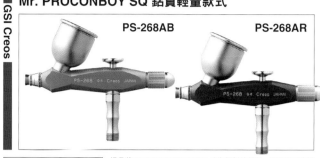

PS-268AB   PS-268AR

・單動式
・噴嘴口徑：0.4mm
・塗料杯容量：7cc
・各 7,800 日元（不含稅）

這是將 Mr.PROCONBOY SQ 改為鋁製的材質，所以除了能維持以往使用起來很方便的狀態下，讓本體重量從 139g→73g 減輕了將近一半。而且因為口徑擴大到 0.4mm，即使用於底漆補土和金屬塗料等等，也可以穩定地噴塗。本體的不同顏色很容易區分，所以也可以作為特定用途專用機使用。

Mr. PRO-SPRAY BASIC

GSI Creos

PS182

・按鈕式
・吸取噴嘴：0.2/0.4mm
・塗料杯容量：18cc
・4,000 日元（不含稅）

雖然不擅長噴塗細線和模糊處理，但是用來噴塗面塊已有足夠的性能，所以很適合從一般噴塗套件開始使用。只要裝上專用接頭，也可以安裝 G 1/8 螺紋規格的配件，因此也可以直接升級成正式塗裝用的套件來繼續使用沒有問題。

Mr. PRO-SPRAY MK-6

GSI Creos

PS166

・按鈕式
・吸取噴嘴：0.2/0.4mm
・塗料杯容量：18cc
・6,000 日元（不含稅）

附屬的噴嘴因為可以連同瓶子一起更換，所以更換顏色和清潔也很簡單。雖然是容易被敬而遠之的空氣罐，但由於空氣壓力較高，可以大範圍地噴塗出漂亮的漆面。如果在適當的時候試著使用的話，或許可呈現出出令人吃驚的塗裝也說不定。

鋼彈麥克筆噴筆

GSI Creos

GMA01

・按鈕式
・3,400 日元（不含稅）

只需插入鋼彈麥克筆即可開始噴塗，不需要清洗，換筆就可以更換顏色。不需要再去煩惱於清洗、維護和騰出作業空間的問題，隨時都可以進行噴塗，是一款極具話題性的噴筆。如果搭配壓力較低的小型空壓機，很難噴塗出漂亮的漆面，所以請搭配空氣罐或中型以上的空壓機來噴塗比較好。

SPRAY-WORK HG AIRBRUSH III

TAMIYA

74532

- ・雙動式
- ・噴嘴口徑：0.3mm
- ・塗料杯容量：7cc
- ・12,800 日元（不含稅）

塗料杯是可拆卸的安裝式設計。可以想成是上述款式的塗料杯可拆裝款式。主要拉桿等零件的基本規格也與上述相同。這就是無論哪家廠商都會推出所謂的標準型產品，每一款在性能上都無可挑剔。再來就是看距離自家最近的模型店裡有在販賣何種款式，以容易入手的程度來決定也沒問題。

SPRAY-WORK HG AIRBRUSH（塗料杯一體型）

TAMIYA

74537

- ・雙動式
- ・噴嘴口徑：0.3mm
- ・塗料杯容量：7cc
- ・12,300 日元（不含稅）

塗料杯是一體成型的設計，便於清潔。另外，塗料杯上部的溝槽可以防止塗料垂流下來。拉桿（按鈕）呈現容易操作的圓弧形狀，指尖可以很好地固定在拉桿上，向後拉的時候有不容易讓手指滑落的設計。操作性也很好，可以說是 TAMIYA 的標準型手持件。

SPRAY-WORK HG SUPER FINE AIRBRUSH

TAMIYA

74514

- ・雙動式
- ・噴嘴口徑：0.2mm
- ・塗料杯容量：3cc
- ・11,000 日元（不含稅）

正因為 TAMIYA 是知名的比例模型製造商，所以這個款式能夠很簡單地滿足比例模型所要求的所有高技術性的功能需求。雖然塗料杯較小，但是附有蓋子實在是太貼心了。噴筆的頂部一帶的重量很輕，可以期待輕快的操作手感，在迷彩塗裝等場合也能發揮威力。

SPRAY-WORK HG TRIGGER AIRBRUSH

TAMIYA

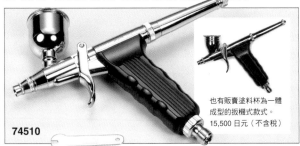

也有販賣塗料杯為一體成型的扳機式款式。
15,500 日元（不含稅）

74510

- ・雙動式
- ・噴嘴口徑：0.3mm
- ・塗料杯容量：7cc
- ・15,800 日元（不含稅）

在底色和基本色的塗裝這類需要持續噴塗同一種顏色的時候，扳機款式的手持件會比較輕鬆。除了不給手指造成負擔之外，還可以換裝另售的大容量塗料杯，適合長時間塗裝的需求。另外，還有便於清洗、塗料杯上有凹槽加工，可以防止塗料垂流的塗料杯一體型款式可供選購。

SPRAY-WORK HG TRIGGER AIRBRUSH WIDE（TRIGGER TYPE）

TAMIYA

74523

- ・雙動式
- ・噴嘴口徑：0.5mm
- ・塗料杯容量：15cc
- ・16,000 日元（不含稅）

粗噴用。和其他的扳機式相同，樹脂製的握把非常容易握住，扳機向下扣的程度也可以很容易地進行微妙的噴塗控制。噴針的支撐部分使用了氟樹脂密封材料，幾乎不會出現塗料逆流至扳機部分的狀況。很容易就能完成汽車模型的光澤塗裝等用途。另外還附贈了另售的塗料杯（樹脂製）。

SPRAY-WORK・塗料杯

TAMIYA

74524

- ・樹脂製，40cc
- ・500 日元（不含稅）

這是可以安裝在 SPRAY-WORK 系列噴筆上的塗料杯。因為是樹脂製的，所以不會破壞噴筆的重心，可以一口氣進行大面積的塗裝。像底漆補土和透明保護漆那樣，需要一次大量噴塗的塗裝作業時很方便。

SPRAY-WORK HG SINGLE AIRBRUSH

TAMIYA

74519

- ・單動式
- ・噴嘴口徑：0.3mm
- ・塗料杯容量：15cc
- ・7,200 日元（不含稅）

暫且不論要搭配空氣罐或是空壓機來使用的問題。由於這是構造簡單的單動式設計，以入門款式來說門檻很低，價格也很便宜。還有附帶空氣罐 AIR CAN180D、卷形軟管、轉接器的 HG SINGLE AIRBRUSH SET（180D）單動式噴筆套裝可供選用。（9,400 日元，不含稅）

SPRAY-WORK BASIC AIRBRUSH

TAMIYA

74531

- ・滑動式
- ・噴嘴口徑：0.3mm
- ・塗料杯容量：17cc
- ・3,300 日元（不含稅）

這是將 BASIC COMPRESSOR SET 基本空壓機套裝所附屬的手持件獨立出來銷售的產品。塗料的噴吐量是用噴針尾塞來進行調整，但卻變成了滑動式構造的別具一格設計。即使是初學者也很容易從外觀上理解整體的構造（或者以功能來說應該稱為扳機尾塞才對）。在容易手握的樹脂本體上，只在需要精度和強度的部分才以金屬材質製作，處處有為了控制在低價格而下的工夫。與其說是形狀帶來的勝利，不如說雖然本身的重量很輕，但意外地使用起來很方便，適合用於底漆補土與粗略的塗裝。維護清潔工作也很簡單。

SPARMAX AIRBRUSH SX0.3D

TAMIYA

74801

· 雙動式
· 噴嘴口徑：0.3mm
· 塗料杯容量：7cc
· 7,800 日元（不含稅）

台灣的製造商 SPARMAX 公司製造的雙動式噴筆。雖然價格合理，但基本性能卻是高水準的。塗料杯為一體型，形狀很容易清洗，金屬製的機身製作也很結實，從初學者到老經驗的模型製作者都值得廣為推薦的款式。

SPARMAX AIRBRUSH SX0.5D

TAMIYA

74802

· 雙動式
· 噴嘴口徑：0.5mm
· 塗料杯容量：15cc
· 9,600 日元（不含稅）

同樣是 SPARMAX 公司生產的 0.5mm 口徑款式，塗料杯也加大容量 15cc。像是在大面積塗裝、或是使用金屬色、珍珠色、底漆補土塗裝等顆粒較大的塗料時都很方便的款式。內部的密封環是以氟樹脂製作，對溶劑很有耐受力，只要好好維護，應該就能長期使用。

TAMIYA-BADGER 250 II AIRBRUSH SET

TAMIYA

74404

· 單動式
· 噴嘴口徑：0.6mm
· 塗料瓶容量：25cc
· 3,500 日元（不含稅）

這是將 BADGER 公司的噴筆和塗料瓶、空氣罐 180D、減壓調整器、以及空氣軟管搭配成套的產品。塗料瓶的口徑與 TAMIYA 彩色壓克力塗料 MINI 相同。抽吸式的單動式設計。透過減壓調整器來調整空氣壓力，再以塗料噴嘴來調節塗料的噴出量。使用空氣罐的時候，要充分注意周圍的火氣。

TAMIYA-BADGER 350 II AIRBRUSH SET

TAMIYA

74405

· 單動式
· 噴嘴口徑：0.6mm
· 塗料瓶容量：25cc
· 6,800 日元（不含稅）

這是將 BADGER 公司的噴筆和塗料瓶、空氣罐 420D、減壓調整器、以及卷狀軟管搭配成套的產品。雖然是抽吸式設計的單動式噴筆，但 250 II 的高級款式可以根據作業的需求改變塗料瓶的角度。可以藉由安裝在空氣罐上的減壓調整器調整空氣壓力，抽吸口的流體蓋來控制塗料的噴霧量。

SUPER AIRBRUSH ADVANCE

WAVE

HT-111

· 雙動式
· 噴嘴口徑：0.3mm
· 塗料杯容量：10cc
· 12,800 日元（不含稅）

產品以高品質著稱的玩具廠商 MaxFactory 的塗裝部制式採用的產品。「從大面積的噴塗到極細的噴塗，只要一支噴筆就都能對應，這就是魅力所在。特別是在膚色塗裝的時候，以「一邊收緊風量，一邊進行極精細噴塗」的方式薄薄地重疊塗料的時候，以及反向邊緣部分的噴塗時都非常方便。」

SUPER AIRBRUSH ADVANCE 02

WAVE

HT-161

· 雙動式
· 噴嘴口徑：0.2mm
· 塗料杯容量：10cc
· 13,500 日元（不含稅）

除了有可以在噴筆本體調節風量的空氣調節系統之外，還採用了 soft slide button 輕滑按鈕這一嶄新構造設計。是 WAVE 現行產品中的高級款式。因為口徑很細，而且可以調節風量，所以可以實現更精密的塗裝表現。塗料杯直接安裝在本體上，容易保養清潔。尾蓋形狀有獨特的設計

SUPER AIRBRUSH STANDARD [輕量鋁質筆身]

WAVE

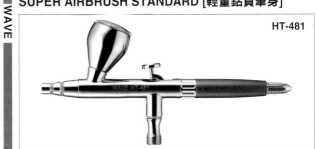

HT-481

· 雙動式
· 噴嘴口徑：0.3mm
· 塗料杯容量：2/7cc（交換式）
· 9,500 日元（不含稅）

這款噴筆是在 WAVE 的鋁質本體輕量化噴筆系列中最標準的款式。附贈選配產品的樹脂製「特殊調色塗料杯」，可以在安裝於本體的狀態下直接倒入塗料進行調色，接著就可以繼續塗裝。這在進行漸層塗裝的時候是非常方便的功能。

SUPER AIRBRUSH · JUNIOR2

WAVE

HT-431

· 雙動式
· 噴嘴口徑：0.3mm
· 塗料杯容量：7cc
· 7,200 日元（不含稅）

外觀雖然是常見的 0.3mm 噴筆，但內部構造別有特色，塗料杯內部空間變得更大，更容易進行清潔。噴嘴的大小也比通常大了一圈，有助於減少分解拆開時的螺牙崩壞或是零件遺失。是從初學者到老經驗都能長期使用的萬能款式。

SUPER AIRBRUSH COMPACT [輕量鋁質筆身]

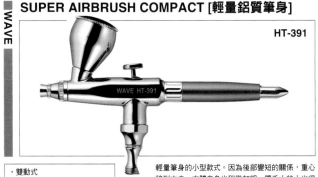

HT-391

・雙動式
・噴嘴口徑：0.3mm
・塗料杯容量：2/7cc（交換式）
・8,500 日元（不含稅）

輕量筆身的小型款式。因為後部變短的關係，重心移到中央，本體自身也稍微加粗，讓手小的人也很容易握住。而且因為是重量輕的關係，即使長時間的作業也能輕鬆完成。按鈕到噴嘴的距離也比其他款式更短一些，可以進行更直觀的操作。

SUPER AIRBRUSH TRIGGER TYPE [輕量鋁質筆身]

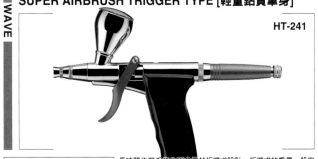

HT-241

・雙動式
・噴嘴口徑：0.3mm
・塗料杯容量：2/7cc（交換式）
・12,000 日元（不含稅）

長時間作業手指也不會累的扳機式設計。扳機式的重量一般容易變得比較重，但是因為是鋁質本體的關係，所以減少疲累的效果則入。附件的塗裝杯有兩種不同大小，噴嘴護套也有平坦型和鏤空型兩種可自行搭配使用。「扳機式會好用嗎…？」對於這種款式一向敬而遠之的模型製作者，也請務必試一下。

SUPER AIRBRUSH TRIGGER TYPE05 [輕量鋁質筆身]

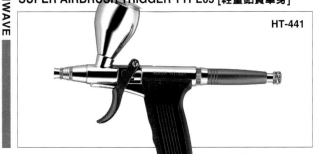

HT-441

・雙動式
・噴嘴口徑：0.5mm
・塗料杯容量：7/15cc
・13,000 日元（不含稅）

這是上述扳機款式的 0.5mm 口徑型。可以穩定地噴塗大顆粒的金屬塗料和高黏度的塗料。如果覺得 0.3mm 很難噴出塗料的話，使用 0.5mm 就可以切身感受到兩者之間的差異。扳機部的顏色不同，很容易區分，並且還能對應另售的輕量塗料杯。諸多細節都能讓人感到細微貼心的款式。

SUPER AIRBRUSH EZ500

HT-141

・單動式
・噴嘴口徑：0.3mm
・塗料杯容量：1cc
・6,800 日元（不含稅）

單動式款式，噴嘴口徑 0.3mm，塗料杯容量 1cc。雖然是全金屬製的機身，但整體採取小型輕量化的造型，後面很短，手掌較小的人也很容易拿取，非常容易操作。作為輔助機來說，因為又便宜又可使用 WAVE 公司的 AIRMATIC JOINT SET 空氣接頭套裝，組合搭配成適合自己使用的噴筆也不錯。

infinity

2200

・雙動式
・噴嘴口徑：0.15mm
・塗料杯容量：2cc
・35,000 日元（不含稅）

由德國 HARDER&STEENBECK 公司生產。噴嘴直徑 0.15mm，超精細的細噴程度令人感到驚訝的高級款式。能夠快速更換成另外販售的選配 0.2mm、0.4mm 噴嘴，塗料杯也有 5cc、15cc、50cc 可供選用。除此之外，還有調整好位置後，可以瞬間將噴塗量釋放到最大值的噴針調節轉盤等非常實用的功能。

colani

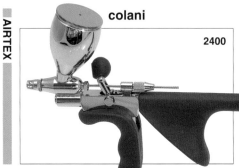

2400

・雙動式
・噴嘴口徑：0.4mm
・塗料杯容量：15cc
・35,000 日元（不含稅）

以由德國頂尖汽車設計師路易吉・克拉尼（Luigi Colani）操刀，設計出符合人體工學，使用起來相當稱手的嶄新設計。因為和一般的手持件使用起來的觸感不一樣，所以可能需要熟練後才能操作得順手。另外販售的噴嘴口徑有 0.2mm、0.6mm、0.8mm、1.0mm、1.2mm 等不同規格；塗料杯也有 2cc、5cc、50cc、100cc 等豐富的產品可供選用，同時也適用於從左右任一方向抽吸的安裝方式。另外，主機縱杆可以調整成慣用左手或右手的模式，是非常具有克拉尼設計風格的款式。

EVOLUTION ALplus

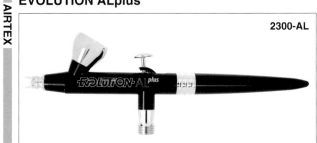

2300-AL

・雙動式
・噴嘴口徑：0.2mm
・塗料杯容量：2cc
・28,800 日元（不含稅）

這款超輕量的噴筆，鋁質的本體重量只有令人驚訝的 56g。在 infinity 也同樣附帶的方形噴帽，能放走多餘的空氣，所以即使在相當靠近的距離，也能進行精密的塗裝。（甚至可以搭配直尺來使用！）如果加購噴嘴底座的話，還可以將噴嘴口徑變更為 0.4mm。

EVOLUTION A

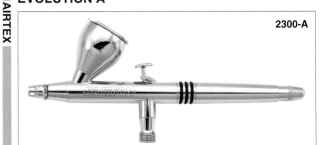

2300-A

・雙動式
・噴嘴口徑：0.4mm
・塗料杯容量：5cc
・18,500 日元（不含稅）

噴嘴口徑 0.4mm，能夠滿足全方位的使用需求，可說是專為模型製作者設計的款式。特別是噴針調節器在完成調節後，可以在保持設定的狀態下，按壓尾蓋來直接進行開啟/關閉，這是非常方便的功能。如果購買另售的噴嘴底座，就可以將噴嘴口徑變更為 0.15、0.2、0.6mm。

EVOLUTION SOLO

AIRTEX

2300-S

- ·雙動式
- ·噴嘴口徑：0.2mm
- ·塗料杯容量：2cc
- ·18,700 日元（不含稅）

在 EVOLUTION 系列產品中，這是給有精細噴塗需求的推薦款式。在筆身中央部安裝了防滑 O 形圈，讓精密作業時可以牢牢固定住噴針，令人放心。另外販售的塗料杯和噴嘴直徑可以更換成其他不同的尺寸。噴嘴不用工具就能取下，需要拆開清洗時也很輕鬆簡單。

Hansa381 BLACK

AIRTEX

381B

- ·扳機式
- ·噴嘴口徑：0.3mm
- ·塗料杯容量：5cc
- ·21,500 日元（不含稅）

用上面的按鈕以扳機動作（不按只拉）來進行操作的獨創噴筆。如果購買另售的噴嘴底座和噴嘴的話，可以在 0.2~0.4mm 之間更換噴嘴口徑，另外塗料杯也可以更換尺寸。並且還有「顆粒效果專用噴帽」可供選用。

XP825 Premium

AIRTEX

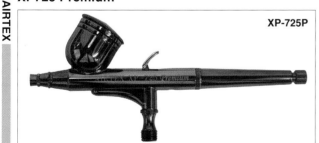

XP-825P

- ·雙動式
- ·噴嘴口徑：0.3mm
- ·塗料杯容量：7cc
- ·12,500 日元（不含稅）

這是擅長精細噴塗的手持件。前端內部的空氣排出口有 4 個，能夠同時滿足強力而且纖細的噴塗作業。具備記憶功能的調節器和有凹痕的按鈕造型等等，都可以看出有許多重視容易操作性的講究之處。請注意，如果不是搭配能夠升壓到 0.2mpa 的空壓機，就無法發揮原本應有的實力。

XP725 Premium

AIRTEX

XP-725P

- ·雙動式
- ·噴嘴口徑：0.3mm
- ·塗料杯容量：7cc
- ·9,500 日元（不含稅）

可以搭配氣閥拉柄使用的噴筆款式。這是將很受歡迎的標準款式「XP-725」更新版本後的產品。保留了至今為止的功能，新增了按鈕上的凹痕設計，讓手指更容易適應按鈕的形狀。premium 系列產品的特徵是將外觀的電鍍層改成鍍鉻，呈現出具備厚重感的色調。

MJ-722

AIRTEX

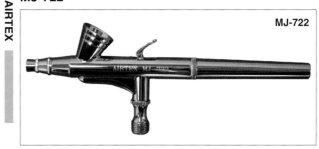

MJ-722

- ·雙動式
- ·噴嘴口徑：0.2mm
- ·塗料杯容量：2cc
- ·6,800 日元（不含稅）

可搭配氣閥拉柄使用的款式。因為塗料杯的尺寸較小，不會遮擋視線，很容易噴塗細節的部分和較小的零件。因為塗料杯小的關係，一次能塗裝的量有限，但也因為口徑是 0.2mm 的關係，這樣的塗料杯容量已經可以充分滿足噴塗需求。清洗作業容易，所以也蠻推薦給需要不斷改變各種顏色的噴塗作業使用。

MJ-726

AIRTEX

MJ-726

- ·雙動式
- ·噴嘴口徑：0.3mm
- ·塗料杯容量：7cc
- ·9,000 日元（不含稅）

可搭配氣閥拉柄使用的款式。性能大致上和「xp-725」相同，但這是側面塗料杯的設計。因為可以改變塗料杯的角度，所以可以用一般手持件無法噴塗的角度來進行塗裝。另外，在右手拿著噴筆的狀態下，塗料杯不會進入到與塗噴對象之間的視野中，所以可以更容易控制噴塗的狀態。

氣閥拉柄

AIRTEX

ATL

- ·樹脂製
- ·880 日元（不含稅）

這是已申請國際專利的新構造按鈕。可以與雙動式構造的按鈕交換，讓「邊按壓邊向後拉」的動作簡化成「向後拉」的一個動作即可達到相同的噴塗操作。另外，AIRTEX 的可搭配氣閥拉柄的噴筆產品中都同時附帶了以往的傳統型按鈕和氣閥拉柄這兩種不同零件。

Beauti4＋（plus）0.2mm

AIRTEX

XP-B4A

- ·雙動式
- ·噴嘴口徑：0.2mm
- ·塗料杯容量：2cc
- ·9,000 日元（不含稅）

鋁質的筆身輕量，顏色共有 5 種。此外還有口徑 0.3mm/塗料杯7cc（9500 日元，不含稅）、口徑 0.5mm/塗料杯 15cc（1 萬日元，不含稅）共計 3 種產品規格。另外還有販售 0.2~0.7mm 的噴嘴（各 1500 日元，不含稅），與專用的噴嘴底座（各 2900 日元，不含稅）一起購買的話，可以自行修改成客製化的規格。

Beauti4＋　Trgger

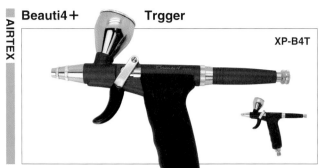

XP-B4T

- 雙動式
- 噴嘴口徑：0.3mm
- 塗料杯容量：7/15cc（交換式）
- 15,000 日元（不含稅）

上述 Beauti4＋的扳機式款式。有熱情紅和暗夜黑等共 2 種顏色。筆身當然是鋁質的，和同等款式的重量差異大約輕了 70g。附帶 7cc 和 15cc 的塗料杯，可以根據塗裝對象物的需求進行更換。如果購買噴嘴底座的話，還可以將口徑變更為 0.2～0.5mm。

SELPHY

XP-SEL

- 節流閥式（可切換無段操作式、兩段操作式）
- 噴嘴口徑：0.2mm
- 塗料杯容量：2cc
- 15,000 日元（不含稅）

顛覆至今為止的概念，外觀為筆型的噴筆。本體為鋁製，將筆身尾端連接軟管後即可使用。可以像用筆書寫一樣的感覺進行塗裝作業。操作杆的操作方式與其說是按壓，不如說是向後拉的感覺，手指不會承受到太大的負擔。

MJ-116

MJ-116

- 雙動式
- 噴嘴口徑：0.2mm
- 塗料杯容量：7/15cc
- 14,400 日元（不含稅）

這是 0.2mm 口徑加上扳機式構造的組合，可噴塗到細微的地方。一般扳機式噴筆繪人的印象都是用來塗裝較大範圍或是整片平滑的時候使用。但是因為扳機式在操作時手指的動作少，不容易疲勞，所以有很多使用者都設這樣比較能集中精力在塗裝上。如果不是單純握著扳機而是用中指和無名指夾住操縱杆，會比較容易進行細微的調整。

XP-735＋

XP-735＋

- 雙動式
- 噴嘴口徑：0.35mm
- 塗料杯容量：7/15cc
- 14,400 日元（不含稅）

這是上述產品的 0.35mm 款式。0.3mm 的口徑容易堵塞，但是又想要保留同等的噴塗感的時候，就會需要這種款式了。側杯式的結構可以調整角度，也可以朝向上方噴塗，所以不限於模型製作使用，想要噴塗較大的物件時也很方便。以扳機式來說，是減少了非必要造型的標準噴筆

XP-7

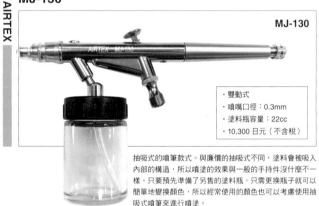

XP-7

- 單動式
- 噴嘴口徑：0.3mm
- 塗料杯容量：5cc（交換式）
- 6,700 日元（不含稅）

因為是尺寸較小的手持件，推薦給會覺得一般的雙動式手持件太大的人使用。由於是單動式的關係，所以不像雙動式那樣適合細微的操作。但也不是不能用另一手來單手調節空氣或是塗料。價格和雙動式相比便宜許多，所以當作第 2 支噴筆來購入也不錯吧。

MJ-130

MJ-130

- 雙動式
- 噴嘴口徑：0.3mm
- 塗料瓶容量：22cc
- 10,300 日元（不含稅）

抽吸式的噴筆款式。與廉價的抽吸式不同，塗料會被吸入內部的構造，所以噴塗的效果與一般的手持件沒什麼不一樣。只要預先準備了另售的塗料瓶，只需更換瓶子就可以簡單地變換顏色，所以經常使用的顏色也可以考慮使用抽吸式噴筆來進行噴塗。

KIDS-102

KIDS-102

- 單動式
- 噴嘴口徑：1.0mm
- 塗料瓶容量：22cc
- 2,100 日元（不含稅）

將已經比一般手持件便宜的單動式構造，再進一步搭配抽吸式的噴筆。附帶的軟管可以使用產品內含的接頭變更為一般的 G 1/8 螺紋規格。雖然構造簡單，不能進行細微的調整，但是容易清洗，所以也可以作為金屬塗料或亮粉塗料的專用噴塗工具使用。

KIDS-105

因為是扳機式，而且不能更換零件的規格，所以噴嘴和塗料杯的尺寸都無法變更。附帶 5mm 的螺絲和空氣軟管，可以與空壓機連接。可以說是「邁向噴筆的第一步」這樣的產品定位。也有搭配 300ml 的空氣罐的套裝組合（4000 日元，不含稅）

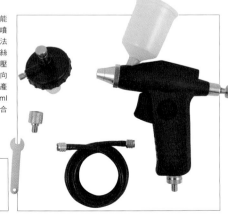

- 雙動式
- 噴嘴口徑：0.3mm
- 塗料杯容量：22cc
- 3,400 日元（不含稅）

CM-CP2

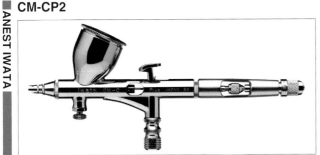

・雙動式
・噴嘴口徑：0.23mm
・塗料杯容量：7cc
・自由訂價

ANEST IWATA 在世界上引以為豪的純日本國產的最高級噴筆。藉由匯集技術精華製作的噴頭系統，可以將空氣的流動調整到最佳狀態，即使低壓也可以將塗料很好地霧化，可以隨心所欲地噴塗在想要高精度處理的部位。總之，這件產品可以說是既容易操作，又能夠精細塗裝的最強噴筆了。

CM-B2

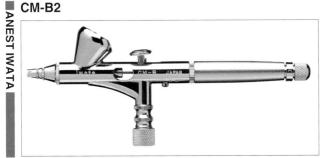

・雙動式
・噴嘴口徑：0.2mm
・塗料杯容量：1.5cc
・自由訂價

上述產品的 0.18mm 款式。Custom Micron 系列不僅能夠塗得極為纖細，而且所有的零件都顯現出工匠職人的講究。除了重心的平衡、容易掌握的握把設計之外、也能夠流暢地噴塗 0.18mm 的纖細線條表現，描繪出出理想的線條，可說是一支至極無上的噴筆。

HP-BH

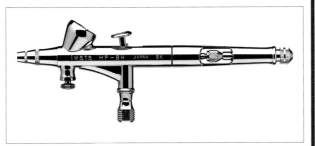

・雙動式
・噴嘴口徑：0.2mm
・塗料杯容量：1.5cc
・自由訂價

0.2mm 的精細噴塗款式。這個款式也能噴塗得十分漂亮。透過以塗料杯底下的調節旋鈕來調節流量，還能夠表現出超越單純噴塗可以呈現各式各樣的表現方式。如果經常需要噴塗小尺寸的角色人物模型和零件的話，從一開始就購買 0.2mm 的手持件也是一種很好的選擇。

HP-CH

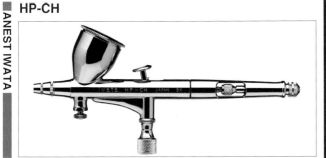

・雙動式
・噴嘴口徑：0.3mm
・塗料杯容量：7cc
・自由訂價

這也是純日本國產的高級款式。塗裝作業所需要的所有功能都匯集在高次元的水準之上，可以說是品質最高的標準款式。諸如空氣調節旋鈕這類，為了更好的塗裝效果而必要的構造全都備齊，只要有這支手持件，幾乎所有的塗裝需求都能對應，是無可挑剔的推薦款式。

HP-CP

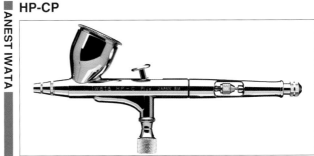

・雙動式
・噴嘴口徑：0.3mm
・塗料杯容量：7cc
・自由訂價

這是在 ANEST IWATA 製噴筆的陣容中，被定位為經典系列的「High Performance plus」系列的雙動式噴筆。搭載了可調節塗料噴出量的預設旋鈕，是一款簡單好用，從初學者到進階者都能操作順手的規格款式。

HP-CS

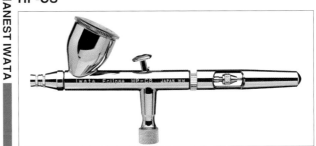

・雙動式
・噴嘴口徑：0.3mm
・塗料杯容量：7cc
・15,000 日元（不含稅）

由於噴嘴採用了被稱為 drop-in nozzle 的嵌入式噴嘴設計，因此分解清洗變得非常容易。除此之外，該噴嘴的塗料路徑比一般的塗料路徑大，所以即使是高黏度的塗料也可以噴塗。如果購買另售的噴嘴零件，可以將噴嘴口徑變更為 0.5mm。

HP-CR

・雙動式
・噴嘴口徑：0.3mm
・塗料杯容量：7cc
・11,000 日元（不含稅）

容易使用，價格也合理的「Revolution」系列，是日本國產的雙動式噴筆。
配備有按鈕噴針夾頭的設計。到現在為止的噴槍都是按鈕和噴針夾頭兩者為分開的零件，藉由將兩者合併的設計，分解組裝、清洗都變得更加容易。

HP-CN

・雙動式
・噴嘴口徑：0.35mm
・塗料杯容量：1.5/7cc（交換式）
・8,600 日元（不含稅）

成本性價比好，適合初學者的「neo」系列雙動式噴筆。附屬品有容量不同的兩種塗料杯，可以根據用途進行更換。0.35mm 的噴嘴口徑不會太細也不會太粗，對於任何塗裝對象都能發揮很好的作用。

HP-TH

・扳機式
・噴嘴口徑：0.5mm
・塗料杯容量：15cc
・自由訂價

這是日本國產「Hi-Line」系列的扳機式噴筆。附屬的噴帽有圓噴用和平噴用兩種，可以根據用途更換。0.5mm 的噴嘴口徑在大面積的塗裝、或是噴塗底漆、補土等場合，都可以心情舒暢地盡情噴塗哦。

HP-TR1

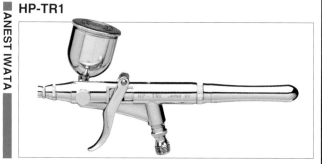

・扳機式
・噴嘴口徑：0.3mm
・塗料杯容量：7cc
・19,000 日元（不含稅）

這是日本國產「Revolution」系列的扳機式噴筆。因為是側杯式設計，所以塗料杯可以安裝在左右兩邊，上下角度也可以自由變換，左撇子也可以輕鬆使用。還有噴嘴口徑 0.2mm 的 HP-TR（15,500 日元，不含稅）也在同步銷售中。

HP-G3

外觀是噴槍的造型，裡面是噴筆的構造，是非常罕見的款式。這是一款基於噴槍的人體工學設計，不僅具有容易握在手裡的持性和堅固性，而且還具備了噴筆的細膩性，不僅可以圓噴還可以平噴的面面俱到款式。

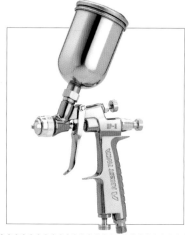

・噴槍式
・噴嘴口徑：0.3mm
・塗料杯容量：130cc
・40,000 日元（不含稅）

HP-BC1P

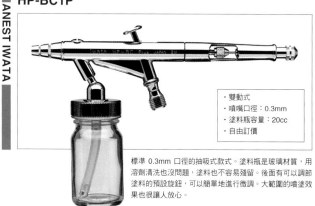

・雙動式
・噴嘴口徑：0.3mm
・塗料瓶容量：20cc
・自由訂價

標準 0.3mm 口徑的抽吸式款式。塗料瓶是玻璃材質，用溶劑清洗也沒問題，塗料也不容易殘留。後面有可以調節塗料的預設旋鈕，可以簡單地進行微調。大範圍的噴塗效果也很讓人放心。

HP-BCS

・雙動式
・噴嘴口徑：0.5mm
・塗料瓶容量：30cc
・13,500 日元（不含稅）

這是將 HP-CS 的口徑 0.5mm 改為抽吸式的款式。塗料瓶是 30cc 的大容量。這款噴筆同樣也可以藉由分別更換噴嘴、噴針、噴帽來變換口徑。因為和 HP-CS 是同一系列的關係，所以只需分別更換零件，就可以更換為 0.3mm 和 0.5mm 口徑，請試著找出適合自己使用的規格吧。

HP-SAR

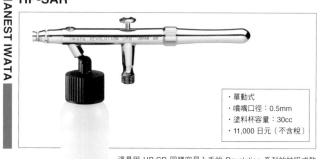

・單動式
・噴嘴口徑：0.5mm
・塗料杯容量：30cc
・11,000 日元（不含稅）

這是與 HP-CR 同樣容易入手的 Revolution 系列的抽吸式款式。請注意這款噴筆與 Eclipse 系列不同，和其他款式的零件互不相容。噴嘴口徑為 0.5mm，可以充分對應大範圍的噴塗作業需求。

HP-M2

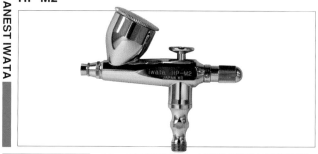

・單動式
・噴嘴口徑：0.4mm
・塗料杯容量：7cc
・11,000 日元（不含稅）

0.4mm 口徑的單動式噴筆。由於單動式噴筆的內部構造很簡單，所以容易進行分解清洗，塗裝後和雙動式噴筆相較之下，能夠更輕鬆地進行清洗。因此建議使用於噴塗顆粒較大的金屬色塗料、亮粉塗料，還有黏度較高的塗料等噴塗作業。

EASY PAINTER

EP-01

單體價格
・1,500 日元（不含稅）

簡單就能夠噴塗自己調色的塗料，可說是劃時代的商品。比起噴漆罐的塗料顆粒更細，從普通色到金屬色，都能噴塗得讓人感到意外的漂亮。如果使用的是 GAIA-COLOR 塗料的話，在附屬的塗料瓶裡倒入以塗料 1 加入溶劑 1～1.5 左右的比例稀釋後的塗料，然後直接安裝到空氣罐上就準備完成了。想要更換顏色的時候，只要預先準備好另售的塗料瓶（2 瓶/500 日元，不含稅），直接更換瓶子就能順利更換顏色。構造也相當單純，清洗保養起來也很簡單。

空壓機

本型錄所介紹的產品只是以模型用途、興趣用途為目的販售的機種其中一部分。性能及價格有可能會有變更，請各位自行與各製造商確認。
此外，庫存狀況也請向各製造商洽詢。
型錄中的資料都是以 2018 年上半年度的資料為基準。所有的標示價格都尚未計入稅金。

■ Mr. COMPRESSOR PETIT-COM · CUTE

GSI Creos

PS371

單體價格
· 10,000 日元
（不含稅）

搭載了新設計的隔膜式構造空壓機，尺寸為長 140×寬 83×高 50mm，機身小巧。排出空氣量 3L/分、額定壓力 0.03MPa，具備可用於模型製作的性能。價格低廉也是優點之一。但是由於空氣壓力限制的關係，不能使用 0.5mm 口徑的扳機式噴筆，所以不適合用來製作大型模型。作動聲音 50db 以下，非常安靜。本體重量僅 290g，相當輕量。

■ Mr. LINEAR COMPRESSOR L5

GSI Creos

PS251

單體價格
· 31,000 日元
（不含稅）

這是 GSI Creos 的標準普及型暢銷機種。基本性能高，排出空氣量為 5.27L/mim、0.05MPa。價格合理，靜音性高（作動聲音僅 50db）擁有可以應對任何狀態的性能，以一般製作模型來說，完全沒有不便之處。也可以連續使用。排出口尺寸為 PS（細），附帶 G 1/8 用接頭。本體尺寸為長 160×寬 120×高 160mm，本體重量 2.4kg。

■ SPRAY-WORK BASIC COMPRESSOR SET

TAMIYA

74520

套裝價格
· 10,800 日元
（不含稅）

在作動聲音安靜的空壓機產品組合中，附屬的手持件的噴嘴口徑是 0.3mm。習慣之後還能噴塗出寬 2mm 左右的細線。此外，電源使用的是充電式的各種 TAMIYA 7.2V 電池包型號（另售），或是專用的 AC 電源轉接器（另售）。產品組合中也附帶了連接空壓機和手持件的透明軟管，如果看到管內出現水滴的時候，可以馬上以空噴的方式來去除水分。

■ Mr. LINEAR COMPRESSOR L7

GSI Creos

PS254

單體價格
· 38,000 日元
（不含稅）

L5 的高階機種。風量充裕，靜音性也高。空氣濾清器採用嵌入式，即使功率較大，外型也很精簡，長 170×寬 142×高 185mm，比 L5 大一圈左右。另外，振動也很少。排出空氣量為 7.0mm、0.05MPa，額定時間為連續，作動音 55db（空車時）。排出口尺寸為 PS（細），附帶 G 1/8 用接頭。本體重量為 2.9kg。

■ SPRAY-WORK HG COMPRESSOR REVO II

TAMIYA

74542

單體價格
· 21,800 日元
（不含稅）

在樹脂材質輕量機身的小巧設計當中，最大壓力可以來到約 0.11Mpa，空氣排出量達到與高階機種毫不遜色的 20L/min。藉由特殊構造的馬達，空氣不容易產生脈衝，這也是值得給出高分之處。原本的作動聲音已經是 58db 的靜音設計，還進一步附贈了防振墊，所以即使在夜間作業也可以放心。雖然沒有附帶空氣濾清器，但是因為有附帶 1.2m 的透明軟管的關係，所以可以馬上確認有無水分產生，讓人感到放心。除此之外，還附帶了 3 種噴筆支架。

■ Mr. LINEAR COMPRESSOR PETIT-COM BLACK-PETIT

GSI Creos

PS-351KP

單體價格
· 15,500 日元
（不含稅）

這台手掌大小的空壓機魅力在於輕鬆就能備用。重量很輕，容易搬運，所以也很容易在陽台之類的室外進行噴塗作業。與 L5 等機種相比之下壓力稍低，如果是 0.4mm 以上的噴筆的話，可能會感覺空氣量不足，但如果是 0.4mm 以下的噴筆，這樣就足夠了。因為作動聲音是靜音性更高的設計，所以是非常適合在夜晚慢慢地享受噴筆塗裝樂趣的空壓機。

■ SPRAY-WORK POWER COMPRESSOR

TAMIYA

74553

單體價格
· 34,800 日元
（不含稅）

雖然大口徑的噴筆也能持續噴塗的充裕功率也是魅力之一，但其最大的特徵還是噴筆支架型的電源開關。噴筆掛放的時候，電源會自動關閉；拿起噴筆時又會自動開啟，這樣可以防止忘記關閉空壓機電源，也可以降低因為連續運行而產生的熱量。機身附有除水功能的減壓調整器，所以能夠對壓力進行微調。只要有一台這個產品和噴筆，任何場所馬上就能變成塗裝環境，讓人感到十分有魅力。

SPRAY-WORK COMPACT COMPRESSOR

TAMIYA

74533

單體價格
・8,600 日元
（不含稅）

長 100×寬 105×高 55mm，大約手掌大

小，附帶 AC 電源轉接器和 1.5m 的軟管。持續運行空氣壓力約 0.07MPa，排出空氣量為 3L/分。可以說是對於稍作塗裝和細微的迷彩等用途已具備了充分的性能吧。因為價格低，也可以作為輔助機，或是作為入門用機。可以與 TAMIYA 自家公司的 HG 系列噴筆進行連接。使用 BASIC 系列噴筆時需要搭配另售的連接接頭（460 日元，不含稅）。

SPRAY-WORK COMPRESSOR ADVANCE

TAMIYA

74559

單體價格
・22,800 日元
（不含稅）

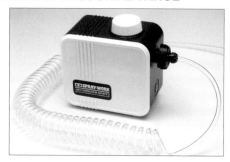

形狀簡單的小型空壓機，具備充分的空壓機性能，特徵是感應式電源開關和空氣輸出調整轉盤。只要將噴筆插入背部的支架，感應式開關就會自動關閉電源。本體上部的調整轉盤可以調整空氣的輸出，能夠實現更符合心中所想的噴塗狀態。

WAVE・COMPRESSOR317

WAVE

單體價格
・19,800 日元
（不含稅）

這是在 COMPRESSOR 217 追加了空氣減壓調整器、空氣輸出增量器等功能，並在機身色彩和部分設計進行了改良。空氣排出量為 17L/分，連續使用壓力為 0.22MPa。其特徵是從噴筆噴出空氣時為開機，不噴出空氣時為關機，只有在使用時會自動啟動的自動壓力開關。成功地消除了一般活塞式構造無法避免的噪音和振動，所以可以讓人在沈靜安靜的心情下進行作業。

WAVE・COMPRESSOR218 [附儲氣桶]

WAVE

LT-029

單體價格
・34,800 日元
（不含稅）

這是在 COMPRESSOR 218 加裝提把造型儲氣桶的機種。藉由將空氣先儲存在儲氣桶中，可以提供穩定的空氣，還能抑制空氣的脈動，因此可以簡單地進行精密的漸層塗裝，以及漆面均勻的塗裝。由於重心是以本體為中心，所便於攜帶。且儲氣桶的形狀是圍繞在本體四周，讓不耐衝擊的連接部位也受到良好的保護，令人放心。

WAVE・COMPRESSOR218 [雙重過濾器]

WAVE

LT-027

單體價格
・22,800 日元
（不含稅）

這是在 COMPRESSOR 218 增加了減壓調整器的機種。推薦雖然不需要空氣桶，但是想要有除水功能的人。機身上安裝了多達兩個取水過濾器。減壓調整器直接安裝在本體上，所以不用煩惱找地方設置。連接兩個過濾器的軟管是透明的，要是有產生水滴的話，馬上就能看得出來。

APC-001R2

AIRTEX

APC001R2

單體價格
・22,000 日元
（不含稅）

這有「名機」之稱的「APC-001R」的更新版機種。由於採用了活塞式構造，可以供應高壓且穩定的空氣，而且機身堅固。接口的規格為 G 1/8 螺紋規格，根據需要可以追加除水器或是其他接頭等零配件，具備能夠配合各種塗裝環境的柔軟應對性。如果想要壓力較大的空壓機，可以試著先選擇這個空壓機。

APC002D

AIRTEX

單體價格
・37,800 日元
（不含稅）

這是在單缸空壓機加裝了 2.5L 儲氣桶、空氣濾清器和減壓調整器的標準配備機種。最大壓力約為 0.55MPa，空氣排出量 20L/min。這在同公司附帶儲氣桶的空壓機中是標準的機種，也是換購需求最受歡迎的機種。

APC005D

AIRTEX

單體價格
・29,800 日元
（不含稅）

雙缸式的高功率空壓機。附帶噴筆連動自動開關，可以根據使用狀態自動切換開關，所以即使長時間進行作業也可以放心。連續運行時的動作聲音也意外的安靜。最高壓力約為 0.55Mpa，最大空氣輸出量成功達到業界屈指可數的 40L/min，即使是噴嘴口徑大到 0.6mm 的噴筆也能輕鬆對應。擁有可以充分承受大型模型製作等艱苦作業需求的性能。

APC006D

AIRTEX

單體價格
・45,800 日元
（不含稅）

這是上述 APC005D 加上儲氣桶後的標準配備規格。透過容量 35 公升的儲氣桶，可以提供更加穩定的空氣。加上空壓機本身是高功率，所以對儲氣桶的填充速度也很快，因此就能達到無脈衝的空氣供應，有助於塗膜的均勻化。而且因為不會受到噪音所困擾，即使是長時間的作業也能沒有壓力地持續下去。標準配備中還包含了空氣濾清器和減壓調整器。

APC018

AIRTEX

單體價格
・26,800 日元
（不含稅）

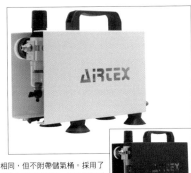

空壓機本體的構造與 APC002D 相同，但不附帶儲氣桶。採用了鋼製外殼設計，除了能保護機身免受灰塵和衝擊外，還可以起到幫助靜音的效果。搭載了空氣濾清器和減壓調整器。機身有白色和黑色兩種顏色，可以搭配自己的房間來做選擇。

minimo White

AIRTEX

APC-010

單體價格
・21,800 日元
（不含稅）

又白又圓的外型相當可愛，看起來不像是空壓機的空壓機。內部裝有線性馬達，作動聲音小、耐久性高。即使放在桌子上也不會出現令人在意的振動，可以輕鬆地享受塗裝的樂趣。另外還附帶了可以插在機身上固定的噴筆支架，所以只要再準備一支噴筆，就可以馬上享受塗裝的樂趣

Angel&Arrow II

AIRTEX

APC013-H

套裝價格
・9,500 日元
（不含稅）

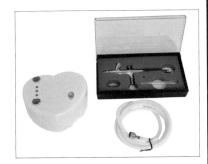

這是將 0.2mm 口徑的噴筆和空壓機配套而成的產品組合。適合入門的實惠機種。雖然愛心形狀的空壓機很可愛，但也能產生足夠的功率，所以對於一般的模型塗裝完全沒有問題。如果搭配另售的電池包使用的話，也可以去擺脫電源線的束縛。噴筆的接口規格是 G 1/8 螺紋規格，所以之後如果噴筆需要升級，仍然可以繼續使用這台空壓機。

ecomo

AIRTEX

APC014

單體價格
・12,000 日元
（不含稅）

這是原本以化妝用空壓機而開發的機種，即使在低壓的狀態下也能提供脈衝少的穩定空氣。寬度是僅有 150mm 的手掌大小，重量 311g，機身非常輕盈。使用 DC 電源，很適合隨身攜帶和在海外使用。

Airbrush Work Set Meteor

AIRTEX

APC015-M

套裝價格
・10,500 日元
（不含稅）

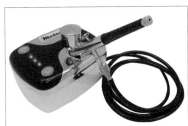

這是將 3mm 直徑的雙動式噴筆和空壓機組合而成的套裝。對於第一次嘗試購買噴筆的初學者來說也是值得推薦的產品。空壓機額定壓力為 0.2MPa，作動聲音 50db。透過本體的開關可以控制空氣噴出量變更為 3 個等級，而且可以直接用燈號來確認目前的狀態，在視覺上也很直觀容易理解。只用一般的噴筆本體程度的價格，還能連同空壓機一起買到手，讓人感到非常有魅力的產品組合。如果還有多餘的預算，再加購一個空氣濾清器的話，那就更好了。

SPiCA

AIRTEX

APC019

單體價格
・15,000 日元
（不含稅）

除了平常使用時的電源線之外，還附帶外接式的電池包和電池電源轉接器，並且標準配備了噴槍支架的小型桌上型空壓機。藉由操作空氣量調節按鈕，可以在 3 個階段調節空氣量。最大壓力 0.2Mpa，排出空氣量約 11.5L/min，不管是模型塗裝或是精密噴畫等用途都可以。

ワンダー

AIRTEX

APC021

單體價格
・15,800 日元
（不含稅）

內藏電池的小型空壓機。在沒有電源的地方也可以進行塗裝。除了可以藉由 LED 燈號確認電池餘量之外，當然也可以在連接了附帶的 AC 電源轉接器的狀態下使用。充電 4 個小時可使用約 40 分鐘（根據使用環境不同，可作業時間可能會有所增減）。順便一提，側邊的飾板可以更換，可以試著自行客製化成自己喜歡的外觀。

Air-K
APC023

單體價格
・18,500 日元
（不含稅）

實現了輕量（272g）低振動的小型活塞式空壓機。秘密在於內部有 4 個活塞馬達，多虧這樣的構造，成功達到深夜也能使用的靜音設計。附帶自動開關，即使開著主電源也能夠停止運作，不用擔心因為太安靜了而忘記關機。另外推薦的特點是附帶的軟管非常柔軟，操作及設置都容易。

IS-925

單體價格
・50,500 日元
（不含稅）

雙缸式構造，可同時使用 2 支噴筆的高功率空壓機。但是作動聲音卻僅有 55db 以下，非常安靜。標準配備自動 ON/OFF 功能、減壓調整器、除濕過濾器、噴筆支架與本體是一體化設計，搭配合充裕的供氣能力，非常容易呈現出自己想要的漆面。大小為 310×156×260mm，尺寸非常緊緻，不用煩惱放置的場所。另外還有單缸式的 IS-850（35000 日元，不含稅）也在販售中。

IS-925HT

單體價格
・60,000 日元
（不含稅）

◀IS-925HT

IS-875HT ▶

提把形狀的部分為儲氣桶，靜音性和空氣穩定性都很優秀。款式有雙缸式 IS-925HT 和單缸 IS-875HT（48000 日元，不含稅）兩種。兩者都能提供高風量，只要追加另售的氣閥接頭，就可以同時供應兩支噴筆使用。由於附帶了儲氣桶，所以在塗裝時幾乎不需要在意脈衝的問題，同時也提高了靜音性，所以在夜間作業時也可以放心使用。附屬品有減壓調整器、除濕過濾器以及噴筆支架。

IS-800J

單體價格
・26,500 日元
（不含稅）

標準的活塞式空壓機。這是連續運轉式的設計，雖然沒有設置自動開關，但每次使用前後開啟或關閉電源就沒問題了。沒有配備減壓調整器，為了抑制水滴的產生和氣流脈衝，採用了線圈式軟管，可以連續使用也沒有問題。

IS-850

單體價格
・31,500 日元
（不含稅）

在 IS-800J 加上了自動開啟/關閉電源的壓力切換開關和減壓調整器，不再是連續運轉式。性能的提升雖然會反映在價格上，但還是要配合現有器材的需要來做選擇。因為有足夠的供氣能力，所以也可以很好地噴塗最近愈來愈普及的黏度較高的塗料。

IS-51

單體價格
・22,000 日元
（不含稅）

小型且帶提把，便於攜帶，外觀也相當時尚的空壓機。與同公司的其他機種相比，雖然供氣能力較差，但對於模型的塗裝已經足夠了。可以調整壓力，並且附帶了螺旋狀的軟管。儀錶旁邊的孔洞可以用來插入噴筆固定，不需要另外準備噴筆支架這點也是產品魅力之一。

空氣罐

對於「空壓機是那麼遙不可及的貴東西…」的人來說，空氣罐就是必需品了，一樣可以噴塗得很漂亮哦。

Mr. AIR SUPER420
83102

單體價格
・800 日元
（不含稅）

最適合搭配 GUNDAM MARKER AIRBRUSH 及 PRO-SPRAY 使用。

SPRAY-WORK AIR CAN 420D/180D

單體價格
・800 日元（不含稅）
・600 日元（不含稅）

請使用另售的附帶軟管的配件來與噴筆連接吧。

AIR CAN AP500

單體價格
・1,500 日元
（不含稅）

最大壓力為 0.6Mpa，非常適合 0.2～0.4mm 噴嘴口徑的噴筆使用。

EP-02 備用更換空氣罐
83102

單體價格
・1,600 日元
（不含稅）

兩罐裝的產品組合，使用時如果因為溫度降低造成壓力下降時，可以用兩罐交換著使用。

除水器（排水器）
減壓調整器
過濾器
其他

GSI Creos

DRAIN & DUST CATCHER

PS282

單體價格
・3,000 日元
（不含稅）

濕度變高的時候，即使安裝了減壓調整器也有可能在空氣軟管內產生水滴。這是因為壓力和體積的變化，使得殘留在空氣中的少量水分不能再以氣體的狀態存在，慢慢形成液體累積起來。為了防止這種情形發生，可以將這個產品連接到噴筆的下部，防止軟管內結露的水滴進入噴筆內。

DRAIN & DUST CATCHER II
附空氣調節功能

PS288

單體價格
・3,600 日元
（不含稅）

上述產品的升級版，具有有風量調節功能，其他款式也有可以在手邊對空氣量進行微調的設計。除了 Mr. PROCON BOY PLATINUM 系列以外的手持件使用者，說不定也可以評估一下這個產品。另外，如果安裝在扳機式手持件的話，握柄會變長，可以提高穩定性和易持性。

DRAIN & DUST CATCHER II LIGHT
附空氣調節功能

PS388

單體價格
・4,200 日元
（不含稅）

將上述產品的本體改為鋁製材質，所以重量從 51.3g 減輕到 30.0g。因為愈是長時間的作業愈會在意重量，所以即使現在已經在使用通常版的人，也有重新評估購入這個版本的價值。特別是扳機式噴筆，因為本體的重量比較重，相信鋁製的產品一定會感覺起來比較好用吧。

GSI Creos

Mr. AIR REGULATOR Mk I

PS253

單體價格
・2,800 日元
（不含稅）

減壓、分流、除水器功能三者兼備的產品。因為水分的混入會一瞬間造成致命的失敗，所以如果你的空壓機沒有排水功能的話，我會毫不猶豫地推薦這個產品。GSI 同公司的 PETIT-COM、L5 專用配件。如果是 L7 的話，因為會超過處理能力，所以不能使用。

Mr. AIR REGULATOR Mk III
（附壓力計）

PS259

單體價格
・6,800 日元
（不含稅）

附有壓力計，能夠進行微妙的空氣壓力調整。當然，根據塗裝方法和製作物件的不同，壓力計並不是絕對需要的功能，但是如果想做好精細噴塗、迷彩和漸層等表現的話，還是加裝壓力計比較好。對於使用 Mr. LINEAR COMPRESSOR L7 的人來說是必需品。

Mr. AIR REGULATOR Mk IV
直接安裝型

PS234

單體價格
・6,800 日元
（不含稅）

這是與上述相同的產品，加裝了減壓、除水、分流用調壓器。直接安裝型噴筆支架是 L5、L7 專用的型號，可以掛在手提把手上固定。如果已經有 L5、L7 單體產品的人，只要就買這個回來加裝就可以了。但如果是新考慮購買 L5、L7 的人，也可以選擇套裝產品。

Mr. Mr. JOINTS FOR AIR HOSE
（3 件組）

PS241

單體價格
・1,200 日元
（不含稅）

可以將 PRO-SPRAY 系列以及 Mr. AIR BRUSH CUSTOM 的軟管（PS 細）規格轉換成配合市面上主流規格軟管（G 1/8）的轉接頭。如果不是連接空氣罐，而是要連接到空壓機時，這個轉換接頭是必需品。反過來說，如果想要將 G 1/8 螺紋規格的噴筆安裝在細軟管（PS 細）上時，也可以藉由附帶的轉接頭來轉換規格。

TAMIYA

噴筆用過濾器

74555

單體價格
・1,900 日元
（不含稅）

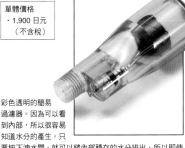

彩色透明的簡易過濾器。因為可以看到內部，所以很容易知道水分的產生。只要按下洩水閥，就可以將內部積存的水分排出，所以即使在作業中也可以不麻煩地進行排水。在潮濕的季節，或是使用高壓的空壓機時，是必須的道具。

空氣調節閥

74552

單體價格
・1,500 日元
（不含稅）

藉由將空氣直接釋放到外部，可以調整空氣量的氣閥零件。在噴塗到細微部分或形狀錯綜複雜的零件時，如果會在意氣流回噴的話，可以藉由將一些空氣釋放到外部來加以抑制。

噴筆用 3 連連接器

74546

單體價格
・1,800 日元
（不含稅）

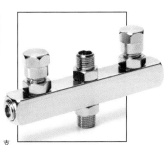

一次可以連接 3 支噴筆的連接配件。如果想要 3 支同時噴塗的話，需要相應的供氣能力，但如果只是各自單獨使用的話，那就沒有問題。沒有使用的接頭只要鎖上蓋子就可以止住空氣，所以即使只有兩支噴筆也可以購買這個方便的配件。

空壓機用防振地墊

74554

單體價格
・580 日元
（不含稅）

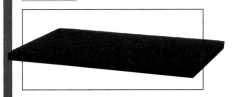

鋪在中型以上的空壓機下面，可以抑制振動和共振。如果塗裝環境是在公寓或是 2 樓的話，難免會擔心是否會影響到樓下，但是有了這個就放心了。

AIRMATIC JOINT SET

HT027

單體價格
・2,600 日元
（不含稅）

這個轉接頭可以讓空氣調節系統安裝在噴筆後面，而非只能安裝在壓縮機上，如此就能夠在噴筆本體那側直接調節風量。因為噴筆側的接頭是快拆接頭，所以在塗裝作業中要更換手持件也很簡單。

除水套件 1

AHB-1

套裝價格
・11,300 日元
（不含稅）

這是在附帶除水過濾器的減壓調節器上，再加裝了噴筆支架的產品組合。
能夠讓手邊常見的噴筆支架增加了除水的功能，真是太好了。如果是這樣的構造的話，目光一定會不時移向調節器，馬上就可以注意到水分的產生，可以減少與水有關的失敗。

3 連軟管接頭【鋁製】

HJ-035-A

單體價格
・4,900 日元
（不含稅）

可以將軟管 1 分為 3 的接頭。每個接頭都有各自的氣閥，除了可以關上沒有使用的氣閥以外，還可以大致調整空氣量，所以將每個接頭都各自設定為專用的用途也不錯。

HG QUICK CHANGE JOINT SET

HT-246

單體價格
・1,500 日元
（不含稅）

需要使用到多支噴筆時，先將接頭分別安裝在各噴筆上，即可簡單更換。每組接頭組有附帶 2 個公接頭，所以如果需要 3 個以上的話，可以購買另售的 2 個一組的公接頭（750 日元（不含稅））。

空氣微調控制器

ACA

單體價格
・1,800 日元
（不含稅）

安裝在噴筆和軟管之間，可以在手邊就近調節細微的空氣量，是非常方便的配件。加裝這個配件後可以讓手持的體積增加，也有讓噴筆變得更容易握持穩的效果。如果與下面同公司出品的握把式過濾器組合使用的話，應該可以更加舒適的進行塗裝作業吧。

REGULATOR HPA-R

單體價格
・5,400 日元
（不含稅）

沒有除水器功能的簡單型減壓調節器。因為體積小不佔空間，如果安裝在容易看到的地方，在噴塗作業時，透過數值來觀察噴塗時的壓力。這樣就可以通過氣壓的設定，來追求更進一步的噴裝表現。

HG AIR REGULATOR 2

HT-029

單體價格
・6,800 日元
（不含稅）

可以安裝在 WAVE 自家公司的噴筆支架上，帶有除水器功能的減壓調節器。入口出口都是 G 1/8 螺紋規格，如果有手邊有軟管的話，就可以立即進行除水。在下雨天和潮濕的季節，或是對於住在河邊等地的使用者來說是必需品。

握把式過濾器

HGF

單體價格
・3,700 日元
（不含稅）

可以直接連接到手持件的除水過濾器。最適合以小型壓縮機略作塗裝時使用。本體是高過濾效能的中空絲膜，可以有效除去空氣中的水分和灰塵。另外，也可以作為手持件握把部分的延展配件使用。接口螺紋對應 1/8 尺寸。洩水時是從軟管那側將水排出。

FILTER REGULATOR HPA-FR2

單體價格
・8,800 日元
（不含稅）

附帶有除水器功能和 8/11 螺絲的減壓調節器。因為壓力錶是朝向上方，所以安裝在桌子上的時候，很容易觀看儀錶的數值。產品各自有其特色，請考量自己的塗裝環境後選擇最適合的配件組合吧。

AIR REGULATOR MAFR-200

MAFR200

單體價格
・9,800 日元
（不含稅）

這是上述產品的單體販售品。因為只有減壓調節器本體，如果沒有支架或是連接用軟管的話，最好購買上面的產品組合。比較適合本來就擁有簡易版的產品，希望進階成性能更好的規格的人使用。附帶 2 個「1/8-1/4 轉換接頭」，因此也能對應 1/4 尺寸的接頭。

AIR STOCKER HOLLY

AS-H

單體價格
・13,500 日元
（不含稅）

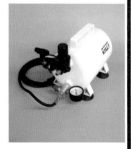

附帶調節器和壓力計，容量為 2.5L 的外接式儲氣桶。如果連接到壓縮機的話，除了能減輕氣流脈衝外，還能發揮去除空氣中水分和灰塵的效果。機身上附有可對應 2 支噴筆的噴筆支架。

HPA-PBS3

・容量：28ml
套裝價格（3 瓶）
・4,200 日元
（不含稅）

可對應 ANEST IWATA 自家公司的抽吸式噴筆、HP-BCS、HP-BCR、HP-SAR 的樹脂製交換用塗料瓶。事先裝入塗料並蓋上蓋子，有需要時就可以馬上使用，在大量塗裝的時候非常方便。

扳機握把

HPA-TG

單體價格
・4,800 日元
（不含稅）

可以加裝在 ANEST IWATA 公司的扳機式噴筆 HP-TH、HP-TR1 上的握把與氣閥延伸的套裝配件。除了讓掌握性變得更好，即使長時間作業也不容易感到疲勞之外，操作起來也變得更加方便。對於 HP-TH 的使用者來說，這是一定要使用的選配零件。

迷你握把式過濾器

HPA-MGF

單體價格
・3,600 日元
（不含稅）

連接在噴筆和軟管之間的握把型設計。能夠有效去除侵入軟管內的灰塵和水分。因為可以看到內部的關係，容易觀察到累積了多少水分。設置有洩水閥，輕鬆就能排出積水。對於已經擁有空氣過濾器的人來說，也是是值得推薦的附件。

HPA-TNK35

單體價格
・14,500 日元
（不含稅）

只需追加這個配件到壓縮機上，就能夠與附帶儲氣桶的機種發揮同樣效果的外接式儲氣桶。大容量 3.5L。因為沒有減壓調節器的功能，如果能安裝在壓縮機與減壓調節器之間會更好。

BREED VALVE 排氣閥

HPA-BV2

單體價格
・1,800 日元
（不含稅）

樹脂製的空氣調節旋鈕。基本上推薦使用在沒有搭載空氣調節旋鈕的機種，不過已有旋鈕的機種再加裝也可以得到雙重調整的效果。因為是樹脂材質的關係，不怎麼會增加本體的重量也是特色之一。

快速接頭

HPA-QJ

單體價格
・2,200 日元
（不含稅）

只要一個動作就能拆卸軟管和噴筆的快拆接頭。除了在清洗時不需要耗費太多時間拆卸之外，還有可以抑制軟管扭曲的效果。即使沒有多支噴筆需要拆裝，仍有很多好處值得採買這個配件。

5 連氣閥連接器

HPA-VJ5

單體價格
・12,000 日元
（不含稅）

這是可以同時連接 5 支噴筆的接頭。如果有手邊有多支噴筆的話，可以將區分為底漆補土用、金屬色用等等，依照用途設定的噴筆連接起來備用，相信能夠讓塗裝作業進行得非常順暢。入口為 1/4 母接頭，出口為 1/4 公接頭×5。

小知識 拆解清潔的要點 以雙動式構造為例

●每次都需要分解清潔嗎？

噴筆使用後的清洗，只要按照本書的基本方法去進行的話就沒有問題。但是經過長期的使用後，塗料噴嘴的內側或是噴針、噴帽、噴嘴蓋還是會堆積洗不乾淨的污垢。所以要根據使用的頻率，視情況定期分解清潔比較好。

▲將塗料噴嘴以產品附屬的專用扳手拆下，並和噴帽，噴嘴蓋一起放在塗料皿之類的容器裡防止遺失。取下噴筆後面的尾塞，放鬆噴針夾頭的螺絲，就能夠抽出噴針，不過要小心抽出時不要彎曲到噴針的前端。

▲將工具清潔液倒入塗料皿中，用鑷子夾住零件，再用筆刷輕輕地刷洗。注意鑷子不要夾得太用力，以免零件受力彈飛。因為塗料噴嘴內側的污垢是和噴塗的手感有密切相關的部分，特別要仔細清洗。

▲讓抹布或廚房用紙等吸收工具清潔液後，拿來擦拭噴針周圍的污垢。面紙很容易掉屑造成灰塵殘留，請盡量避免使用。如果噴針的前端不慎彎曲了的話，將會無法再朝向正前方自噴出塗料，千萬要注意。

▲所有的零件清潔完成後，接下來就要再組裝回去。首先要使用專用扳手安裝塗料噴嘴，如果旋得太鬆的話，會造成塗料洩漏之原因，所以必須旋緊。但如果旋緊地太過用力，又可能會造成零件破損，所以作業時要謹慎。

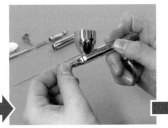

▲安裝噴嘴蓋、噴帽。如果不先將這兩個零件安裝回去，直接先把噴針組裝好的話，有可能會造成零件接觸到噴針前端而造成彎曲，請小心注意。噴嘴蓋要確實旋緊，不要讓空氣產生逆流，變成漱洗的狀態了。

▲接著要把噴針從噴針夾頭慢慢地插入本體。這個作業的時候，也千萬要注意不要彎曲了噴針前端。同時也要確認噴針的前端是否已完全收入塗料噴嘴內側。

▲最後要鎖上噴針夾頭螺絲，將噴針確實固定。噴針夾頭螺絲如果沒有確實鎖緊的話，即使向前拉動按鈕，噴針也不會跟著連動，會造成塗料無法噴塗出來，所以要小心注意。最後再將尾塞安裝回去，組裝就完成了！

■工作人員 STAFF

Model Graphix 編輯部／編

模型&編輯協力
矢澤乃慶／矢竹剛教／近藤恭太

協力
ANEST IWATA Corporation
ANEST IWATA COATING SOLUTIONS
Corporation
ARGOFILE JAPAN LIMITED
WAVE CORPORATION
AIRTEX Corp.
Gaianotes inc.
GSI Creos Corporation
TAMIYA,INC.

攝影
Entaniya Co.,Ltd.

封面插畫
白根ゆたんぽ

裝釘
海老原剛志

DTP・設計
小野寺 徹／梶川義彦

噴筆大攻略

作　　者	大日本絵画	
翻　　譯	楊哲群	
發　　行	陳偉祥	
出　　版	北星圖書事業股份有限公司	
地　　址	234新北市永和區中正路 462 號 B1	
電　　話	886-2-29229000	
傳　　真	886-2-29229041	
網　　址	www.nsbooks.com.tw	
E-MAIL	nsbook@nsbooks.com.tw	
劃撥帳戶	北星文化事業有限公司	
劃撥帳號	50042987	
製版印刷	皇甫彩藝印刷股份有限公司	
出 版 日	2022 年 7 月	
I S B N	978-626-7062-08-1	
定　　價	450 元	

如有缺頁或裝訂錯誤，請寄回更換。

*AIRBRUSH DAIKORYAKU 2018 KAITEIBAN*edited by NORTH STAR BOOKS CO., LTD
Copyright© 2018 DAINIPPON KAIGA CO., LTD
All rights reserved.
Original Japanese edition published by DAINIPPON KAIGA CO., LTD
Traditional Chinese translation copyright © 2022 by NORTH STAR BOOKS CO., LTD
This TraditionalChinese edition published by arrangement withDAINIPPON KAIGA CO.,
LTD,Tokyothrough HonnoKizuna, Inc., Tokyo, andKeio Cultural Enterprise Co., Ltd.

國家圖書館出版品預行編目(CIP)資料

噴筆大攻略 = How to use an airbrush / 大日本絵画
作；楊哲群翻譯. -- 新北市：北星圖書事業股份有
限公司, 2022.07
80 面；21.0×29.7 公分
ISBN 978-626-7062-08-1(平裝)

1.模型 2.玩具 3.氣壓機械 4.教學法

448.919　　　　　　　　　　　　110020372

官方網站　　　臉書粉絲專頁　　　LINE 官方帳號